数据架构之道

数据模型设计与管控

王琤 / 主编

电子工业出版社

Publishing House of Electronics Industry

北京·BEIJING

内 容 简 介

本书全面介绍了数据架构与数据建模的相关知识，全书分为 4 篇，共 16 章。

第 1~3 章为数据架构基础篇，介绍了企业架构、数据架构及数据模型的基础概念。第 4~9 章为数据模型设计篇，介绍了如何通过数据模型记分卡规范化数据模型设计，以及经典数据建模方法论，包括范式建模、维度建模、Data Vault 建模、统一星型建模。第 10~12 章为数据模型落地篇，介绍了在企业中如何实现多人协作构建模型、如何管控数据模型、数据模型数据与数据标准，以及元数据如何形成数据治理闭环。第 13~16 章为行业数据模型篇，分别介绍了证券、保险、教育、航空业的数据架构及数据模型。

本书既可以作为数据建模人员、数据开发人员的学习用书，也适合非 IT 专业但对数据有强烈兴趣的业务人员使用，还可以作为高等院校计算机、数学及相关专业的师生用书和培训学校的教材。

未经许可，不得以任何方式复制或抄袭本书之部分或全部内容。
版权所有，侵权必究。

图书在版编目（CIP）数据

数据架构之道：数据模型设计与管控 / 王玙主编. —北京：电子工业出版社，2022.1
ISBN 978-7-121-42676-6

Ⅰ．①数… Ⅱ．①王… Ⅲ．①数据处理②数据模型—建立模型 Ⅳ．①TP274②TP311.13

中国版本图书馆 CIP 数据核字（2022）第 015151 号

责任编辑：张　爽
印　　刷：天津千鹤文化传播有限公司
装　　订：天津千鹤文化传播有限公司
出版发行：电子工业出版社
　　　　　北京市海淀区万寿路 173 信箱　邮编：100036
开　　本：720×1000　1/16　印张：15　字数：264 千字
版　　次：2022 年 1 月第 1 版
印　　次：2022 年 1 月第 1 次印刷
定　　价：99.00 元

凡所购买电子工业出版社图书有缺损问题，请向购买书店调换。若书店售缺，请与本社发行部联系，联系及邮购电话：（010）88254888，88258888。

质量投诉请发邮件至 zlts@phei.com.cn，盗版侵权举报请发邮件至 dbqq@phei.com.cn。

本书咨询联系方式：（010）51260888-819　faq@phei.com.cn。

本书编委会

主　编　王　玓

编　委（排名不分先后）

朱金山　　刘静莉　　郭　东　　黎　山　　吴云飞

蔡森炎　　路莉玲　　靳也坤　　么福祥　　冯琦然

前言

编写背景

感谢你翻开这本书。

2016 年年底，我从一家知名外企辞职，离开了呕心沥血 11 年打造的数据建模鼻祖产品及其全球研发负责人的岗位，开启了创业之旅。那时互联网如日中天，数据领域才刚刚起步。我常常也会心怀疑虑，数字化转型能走多远？未来还需要数据建模吗？过去十几年的经验能在时代大潮中经受住考验吗？

5 年后的今天，答案显而易见。数据应用在各行业中百花齐放，精准营销、金融风控、无人驾驶、智慧农业，可以说是无处不在。而数据模型、数据架构也开始再次被人们所认识和重视。数据中台在被"热炒"的大浪中退去，我们发现其最终沉淀下来的不是各种光鲜或不知所云的新概念，而是人们对业务及数据的深刻理解，这些都沉淀在了数据模型中。

本书从数据架构的基本概念入手，从业务系统的三范式模型到数据仓库的维度模型、Data Vault 模型，结合大量的行业实例及绘图进行展示，分析了数据模型的本质，并针对模型给出了详细解读。

本书适合正在建设数据中台、数据仓库及业务系统的业内人士，以及觉得模型晦涩难懂、无所适从的初学者，也适合作为计算机相关专业的教材。本书能帮助你理解经典的模型设计，并让你获得足够多的经验和实践技巧，以便更好地分析和解决问题。

更重要的是——体会到数据模型之美！

读者对象

本书适用于以下读者群体。

- 企业管理者

管理者决定着企业的发展方向、企业的数字化转型战略落地和数据业务化，业务流程、业务架构最终都通过数据架构落实到业务和技术实现中。企业需要具备"架构"能力，这种能力应该由管理者带头，从业务架构能力开始自上而下地建立起来。

- 数据架构师、数据建模师

数据架构师是综合型人才，既懂数据，又懂业务。数据模型是他们用来连通业务与数据之间鸿沟的最有力的工具。

- 技术人员、数据开发人员

数据开发人员忙于完成具体数据需求的任务，常常"只见树木，不见森林"，陷入不断拆解指标和澄清指标的沼泽中。数据模型一方面帮助数据开发人员从更广的业务视角来考虑数据仓库、数据中台、数据湖的整体设计；另一方面，有助于数据开发人员快速理解业务，并使其与业务人员更好地进行沟通。

- 业务人员

在实现业务与数据融合方面，业务人员会更关注数据对业务场景的支撑和价值，而忽略了底层的业务与数据。本书中的概念模型、逻辑模型都是对业务的描述，门槛相对较低，有助于业务人员走入数据的领域，提高业务人员与数据的交互度。

本书特色

本书旨在成为一本让各类读者都可以读得懂的数据架构和数据模型指南。

全书分为 4 篇，共 16 章，各篇章内容简介如下。

- 数据架构基础篇（第 1~3 章）

第 1 章介绍数据架构与数据模型的发展历史。第 2 章介绍企业架构及其与数据治理的关系。第 3 章介绍数据模型的基本概念，包括概念模型、逻辑模型、物理模型。

- 数据模型设计篇（第 4~9 章）

第 4 章介绍如何通过数据模型记分卡来衡量数据模型的质量。第 5 章介绍范式建模，包括第一、二、三范式等。第 6 章介绍数据仓库中的数据模型设计。第 7 章介绍维度建模，包括星型、雪花、星座模式等。第 8 章介绍 Data Vault 建模。第 9 章介绍统一星型模型建模。

- 数据模型落地篇（第 10~12 章）

第 10 章介绍数据模型管控，阐述模型设计完成后如何进行评审和管控。第 11 章介绍数据架构与数据治理的关系，以及数据模型与元数据的关系。第 12 章介绍数据模型与数据标准的关系。

- 行业数据模型篇（第 13~16 章）

第 13 章介绍证券资管行业的数据架构及模型。第 14 章介绍保险行业的数据架构及模型。第 15 章介绍教育行业的数据架构及模型。第 16 章介绍航空公司的数据架构及模型。

建议和反馈

由于作者的水平有限，书中难免存在一些不足之处，恳请读者批评指正，以便我们改进和提高，并惠及更多的读者。如果你对本书有任何评论和建议或者遇到问题需要帮助，可以致信作者邮箱 wzheng824@gmail.com，我将不胜感激。期待读者的真挚反馈，以期在探索数据架构、数据模型的道路上互勉共进。

致谢

感谢各位作者在数据领域的坚持和多年耕耘。感谢我的家人和朋友在本书编写过程中提供的大力支持！感谢提供宝贵意见的行业专家！感恩我遇到的众多良师益友！

读者服务

微信扫码回复：42676

- 获取本书部分图片文件

- 加入本书读者交流群，与本书作者互动

- 获取【百场业界大咖直播合集】（持续更新），仅需 1 元

目录

第一篇　数据架构基础篇

第二篇　数据模型设计篇

第三篇　数据模型落地篇

第四篇　行业数据模型篇

第一篇

数据架构
基础篇

1

缘起

1.1 数据架构与数据模型

在数据资产化浪潮汹涌而来的时候，数据平台、数据中台、数据湖等成为企业数据资产化建设的"基建项目"。数据模型是这个基建项目的核心内容之一，贯穿了整个数据架构。

数据模型定义了操作者、行为及管理业务处理流程的规则，并用人们和应用程序都能理解的标准语法来描述定义内容。数据模型的出现主要为了解决以下痛点。

- 具有不同技术背景和业务经验的各类人员在讨论数据需求时缺少一种有效的沟通工具，在讨论中经常因为对各种符号的理解不一致，导致沟通效率低下，难以协调不同观点并达成共识。

- 当系统出现故障或发现数据问题时，没有可以观察系统的整体视角，技术人员对当前数据库内的状况全然不知，导致系统问题排查困难，对数据问题无从下手。

- 不同部门对业务规则的理解不一致，关于"客户""产品"等关键概念的定义多种多样，在数据库中同名不同义、同义不同名的现象随处可见，严重影响了数据的识别和应用。

作为技术背景和业务经验不同的各类人员有效沟通数据需求的重要媒介,数据模型可以帮助描述与沟通数据需求,提高数据的精确性与易用性,降低系统的维护成本并提高数据可重用性。

数据模型是对现实世界数据特征的抽象,用于描述一组数据的概念和定义。数据模型从抽象层次上描述了数据的静态特征、动态行为和约束条件。数据模型所描述的内容有三部分,分别是数据结构、数据操作和数据约束。这三部分形成了数据架构的基本蓝图,也就是企业数据资产的战略地图。按不同的应用层次,数据模型可分为概念数据模型、逻辑数据模型、物理数据模型 3 种类型[①],如图 1-1 所示。

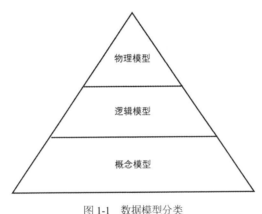

图 1-1　数据模型分类

- 概念模型:是一种面向用户、面向客观世界的模型,主要用于描述现实世界的概念化结构,与具体的数据库管理系统(DataBase Management System,DBMS)无关。

- 逻辑模型:是一种以概念模型的框架为基础,根据业务条线、业务事项、业务流程、业务场景的需要而设计的面向业务实现的数据模型。逻辑模型包括网状数据模型、层次数据模型等。

- 物理模型:是一种面向计算机物理表示的模型,描述了数据在存储介质上的组织

---

① 为简化表达,以下将统一使用"概念模型""逻辑模型""物理模型"的说法。

结构。物理模型的设计应基于逻辑模型的成果，以保证实现业务需求。它不但与具体的 DBMS 有关，还与操作系统和硬件有关，同时要考虑系统性能的相关要求。

数据模型管理是指在信息系统设计时，参考业务模型，使用标准化用语和单词等数据要素来设计企业数据模型，并在信息系统建设和运行维护的过程中，严格按照数据模型管理制度审核和管理新建的数据模型。数据模型的标准化管理和统一管控，有利于指导企业数据整合，提高信息系统数据质量。数据模型管理包括对数据模型的设计、数据模型和数据标准词典的同步、数据模型审核发布、数据模型差异对比、版本管理等。数据模型管理的关键角色及活动如图 1-2 所示。

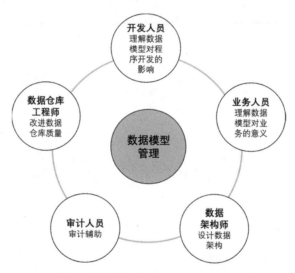

图 1-2 数据模型管理的关键角色及活动

数据模型管理涉及的管理对象分别有人、内容、位置、价值、时间、技术，具体见表 1-1。

表 1-1 数据模型管理涉及的管理对象

人	内　容	位　置	价　值	时　间	技　术
谁创建的数据	业务定义是什么	数据储存在哪儿	为什么储存该数据	数据何时被创建	数据的技术格式
谁负责管理数据	业务规则是什么	数据从哪儿来	数据用法是什么	数据上次更新的时间	引用这个元数据的数据源

人	内　　容	位　　置	价　　值	时　　间	技　　术
谁在使用数据	数据的隐私和安全级别	数据在哪儿用	使用数据的业务需求是什么	—	数据应该被存储多久
谁拥有数据	数据的缩写是什么	数据备份在哪儿	—	数据何时需要被销毁	—
谁负责审计数据	数据标准是什么	是否有地区性数据隐私和安全政策	—	—	—

1.2　数据建模简史

　　数据建模是指创建数据模型的行为，包括定义和确定组织的数据需求及其目标。数据建模行为不仅定义了数据元素，还定义了它们形成的结构及它们之间的关系。开发数据模型需要数据建模师或数据架构师与企业的其他部门密切合作，建立目标，并与信息系统的最终用户建立流程。

　　数据模型包含标准化和组织成模式（schema）形态的"数据元素"（例如，客户的姓名或地址），使得它们彼此相关。使用不同的编程语言和数据库会对模型有影响。该模型定义了数据如何连接及数据如何在计算机系统内进行处理和存储。例如，代表房屋的数据元素可以与其他元素相关联，其他元素又代表房屋的颜色、大小、地址和所有者的名字。信息的组织方式因情况而异。

　　数据建模、数据库和编程语言是相互依赖的，并且一起发展。数据库基本上经历了 4 个发展阶段，这些阶段往往是有重叠的。

- 第一阶段：从大约 20 世纪 60 年代到 1999 年，随着数据库管理系统的发展，出现层级列表、倒排列表等，并在 20 世纪 90 年代出现面向对象的数据库管理系统。

- 第二阶段：关系数据库，从 1990 年开始引入 SQL 和 SQL 产品（加上一些非 SQL 产品）。

- 第三阶段：支持联机分析处理（OLAP），这是在 1990 年左右开发的（连同专门的数据库管理系统），至今仍在继续使用着。

- 第四阶段：2008 年推出了 NoSQL，支持使用大数据、非关系数据、图表等。

William Kent 在其著作《数据与现实》（*Data and Reality*）中将数据模型与地图进行了比较，强调了现实世界与符号世界之间的差异。他写到："高速公路没有被涂成红色，河流没有中间的界线，而且在山上也看不到等高线"。这个观察结果与许多试图创造完美模型的研究者形成对比。Kent 更愿意强调现实的基本混乱，并建议数据建模架构师注重创造秩序，避免混淆基本事实。随着 NoSQL 和非关系数据的普及，Kent 在 1978 年的建议已被证明是一个好主意，但由于技术原因，我们花了一段时间才最终证实它。

1. 数据建模在 20 世纪 60 年代

随着管理信息系统（MIS）的普及，数据建模的概念从 20 世纪 60 年代开始变得非常重要。在 1960 年之前，数据或数据存储非常少见，那时的计算机本质上是庞大的计算器。20 世纪 60 年代提出了多种理论数据模型，其中的 3 个成为现实：前两个是"层级数据模型"和"网络数据模型"，第三个理论模型——"关系模型"是 Edgar F.Codd 在 20 世纪 60 年代末提出的。

第一个真正的商业数据库系统于 1964 年问世，被称为综合数据存储器（IDS），由 Charles Bachman 开发，通用电气支持了他的研究。IDS 使用网络模型，以图形形式表示对象及其关系。IBM 选择专门为其数据库管理系统（IMS）设计了分层模型。这个模型中记录的关系呈现一种树形结构。虽然结构简单，但由于"一对多"关系格式的限制，它并不灵活。

随着数据建模和数据库管理系统的发展，编程语言也发生了变化。Simula 开发于 1967 年，是第一个面向对象的编程语言。Simula 推动了其他编程语言的发展，如 Java、Eifel、C++和 Smalltalk。编程语言的发展对使用这些语言的数据模型的形成具有深远的影响。

2. 数据建模在 20 世纪 70 年代

1970 年，Edgar F.Codd 发表了有关"大型共享数据库的关系模型"的论文。他提供了一种截然不同的数据处理方式，表明数据库中的所有数据可以使用列和行显示，这就是所谓的"关系"。这些关系可以使用非程序、声明和语言。前面提到过，语言影响模型的结构，反之亦然。这种方法不需要编写一个访问数据的算法，只需要输入一个文件名来标识所需的信息。这个聪明的想法带来了更高的生产力，它更快、更高效，并促使 IBM 创建了 SQL①语言。另外，在这十年间，G.M.Nijssen 提出了自然语言信息分析法（NIAM）。

3．数据建模在 20 世纪 80 年代

20 世纪 80 年代，在 Terry Halpin 的帮助下，NIAM 进一步发展，其名称已更改为对象角色建模（Object Role Modeling，ORM）。ORM 在数据被感知的方式及如何处理数据方面带来了巨大的变化，传统的思维模式需要将数据和程序分开存储。②

到 20 世纪 80 年代末，层级模型逐渐过时，Codd 的关系模型成为流行的替代模型。查询优化器已经变得足够便宜，并且足够复杂，因此关系模型被并入大多数行业的数据库系统中。银行和类似机构仍然倾向于处理货币和统计信息的层级数据模型。

4．1998 年和 NoSQL

NoSQL 的原始版本是由 Carlo Strozzi 在 1998 年开发的一个数据库。他创建了一个开源的关系数据库，"不开放" SQL 连接，但仍然是关系型的。后来的 NoSQL 版本中删除了关系模型。

5．2008 年至今——非关系模型的发展

NoSQL 的优势之一是它是无模式（schemaless）或者非关系的，而且它具有强大的数据存储能力和横向扩展能力，这使得它非常适合处理非结构化数据，而且非常适合处理大数据。

独立分析师兼顾问 Rickvander Lans 表示：

"数据建模过程大致相同。你可以用简单的方式来看待这个过程，把它看作一个设计过程。在创建图表的过程中，你试图了解数据的含义及数据元素如何相互关联。因此，理解是数据建模的一个关键方面。"

由于数据是无模式的，因此我们可以使用数据模型来实现数据的翻译和映射。人们通常将数据模型理解为，与之相关的不同语言提供了相同的范式来查看问题和提供解决方案。在 NoSQL 中，通常将数据存储在不同的位置（水平可伸缩性），从而提供各种潜在

---

① 最初称为 SEQUEL 或结构化查询语言。
② 应该指出，一些技术人员不喜欢 ORM，因为它违反了所有的规则。

的数据模型解读，这种存储技术被称为分布式持久性存储。那么问题就变成了"什么是最好的数据模型？"

根据 Rickvander Lans 的说法：

> "这就是为什么有些人称这些数据是多层次的，这意味着你可以从不同的角度看相同的数据。就好像你在查看同一个对象时使用不同的过滤器一样。"

由于其灵活性和大数据存储容量，NoSQL 风格的数据存储已经变得流行。然而，就进化而言，NoSQL 数据库还有很长的路要走。NoSQL 建模研究报告显示，许多公司没有将数据模型纳入其 NoSQL 系统，因为使用这种数据存储方式的数据模型主要存在于实际代码中。

他们也发现这些使用 NoSQL 的组织希望建立和使用数据模型，并增加具有数据建模技能的人员。没有在 NoSQL 数据库上建模是由于缺乏对 NoSQL 数据库使用经验丰富的建模人员，而且几乎没有 NoSQL 数据建模工具。因此，对经验丰富的 NoSQL 数据架构师及合适的工具的需求仍然是一个长期的需求。

2

企业架构

企业架构（Enterprise Architecture，EA）是企业的概念性蓝图，其用途在于持续对企业进行全面的分析、设计、规划，从而成功地制定和执行业务战略。提供有关业务、信息和技术如何协同工作的总体视图，有助于从战略上定义和优化组织运营的蓝图。

2.1 企业架构的构成

有效的企业架构会提供企业的全面视图，这意味着它应体现组织中所有不同的组成部分。企业架构通常分为业务架构和 IT 架构两大部分，其中 IT 架构由数据架构、应用架构和技术架构构成，如图 2-1 所示。

图 2-1 企业架构的构成

（1）业务架构定义了企业的业务目标和功能框架（包括财务、制造、营销和销售功能）及它们之间的关系，是把企业的业务战略转化为日常运作的渠道。业务战略决定了业务架构，它包括业务的运营模式、流程体系、组织结构、地域分布等内容。业务流程定义了企业的业务流和价值流，例如潜在客户、订单到现金、制造到分销，以及服务请求。

（2）IT 架构是指导投资和设计决策的框架，是建立企业信息系统的综合蓝图，包括数据架构、应用架构和技术架构三部分。

- 数据架构可以识别和分类对公司重要的数据，以及该数据的结构模式、关联关系及如何对其进行维护。这些数据包括客户数据、产品数据，以及其他形式的文档文件、电子表格、数据库、图像等。

- 应用架构定义了应用程序组合，其中包含支持用户的业务能力和价值流所需的系统和应用程序。它有助于定义组织的流程和标准之间的交互原则。应用架构能够帮助我们构建应用程序路线图并确定应用程序生命周期，从而预测何时需要更新应用程序、何时需要升级，以及何时需要替换或淘汰现有的应用程序。

- 技术架构定义了组织的基础技术基础架构，包括硬件、操作系统、网络解决方案和软件组件。

上述三者能够帮助我们定义成功的战略，使组织能够有效地运作，并实现公司的目标。

2.2 企业架构的框架

企业架构的框架是一种预定义的模板，可以将企业的系统结构进行基于多维度视角的映射。目前国内主流的是两种不同类型的框架。

- 基于模板的框架，即 Zachman 框架。

- 基于内容的框架，即 TOGAF 框架。

2.2.1 Zachman 框架

企业架构是 20 世纪 80 年代的产物，其标志就是 1987 年 Zachman 提出的企业架构模型，该模型按照 "5W1H"，即 What（数据）、How（功能）、Where（网络）、Who（角色）、

When（时间）、Why（动机）6 个维度，结合目标范围、业务模型、信息系统模型、技术模型、详细展现、功能系统 6 个层次，将企业架构分成 36 个组成部分，描述了一个完整的企业架构需要考虑的内容，如表 2-1 所示。

表 2-1　企业架构的内容

	数据（What）	功能（How）	网络（Where）	角色（Who）	时间（When）	动机（Why）
目标范围	列出对业务至关重要的元素	列出业务执行的流程	列出与业务运营有关的地域分布要求	列出对业务重要的组织部门	列出对业务重要的事件及时间周期	列出企业目标、战略
业务模型	实体关系模型（包括多对多关系、归因关系）	业务流程模型（物理数据流程图）	物流网络（节点和链接）	基于角色的组织层次图，包括相关技能规定、安全保障问题	业务主进度表	业务计划
信息系统模型	数据模型（聚合体、完全规格化）	关键数据流程图、应用架构	分布系统架构	人机界面架构（角色、数据、入口）	依赖关系图、数据实体生命周期	业务标准模型
技术模型	数据架构（数据库中的表格列表及属性）	系统设计、结构图	系统架构	用户界面（系统如何工作）、安全设计	控制流图	业务标准设计
详细展现	数据设计	详细程序设计	网络架构	DBA	时间、周期定义	程序逻辑的角色说明
功能系统	转化后的数据	可执行程序	通信设备	受训的人员	企业业务	强制标准

Zachman 模型虽然没有明确提出业务架构这个概念，但是已经包含了业务架构关注的一些主要内容，如流程模型、数据、角色组织等。它既然没有提出业务架构的概念，自然也就没有包含构建方法，所以 Zachman 模型应该算是业务架构的启蒙。同时，它也表明了这一工具或技术的最佳使用场景——面向复杂系统构建企业架构。

2.2.2　TOGAF 框架

1995 年，The Open Group 发布了 TOGAF 框架。TOGAF 由美国国防部的信息管理技术架构框架（DODAF）发展而来，是当今业务架构中最常见的框架结构之一，其使用率占整个企业架构模型的 80％以上。

TOGAF 包含功能强大的框架所需的所有内容。它具有通用的词汇表、推荐的标准和遵从性方法、建议的软件和工具，甚至定义最佳实践的方法。TOGAF 将企业定义为有着共同目标集合的组织的聚集。例如，企业可能是政府部门、完整的公司、公司部门、单个处/科室，或通过共同拥有权连接在一起的地理上疏远的组织链。TOGAF 进一步认为企业架构应分为两大部分——业务架构和 IT 架构，大部分企业架构是从 IT 架构发展而来的。TOGAF 强调基于业务导向和驱动的架构来理解、分析、设计、构建、集成、扩展、运行和管理信息系统，复杂系统集成的关键是基于架构（或体系）的集成，而不是基于部件（或组件）的集成。TOGAF 还提供了一个详细的架构工件模型，如图 2-2 所示。

图 2-2　TOGAF 架构工件模型

2.3　敏捷的企业架构治理

随着机构的业务变化越来越快，企业架构也向敏捷模式转型。

2.3.1　传统企业架构的消亡

传统企业架构面对以下 3 个问题，这是导致其消亡的主要因素。

1. 相关领域专家匮乏

尽管企业中诸如业务架构师、信息架构师和技术架构师之类的角色仍然普遍存在，但精通多个领域的个人并不多见。除了可能的信息安全性，具有专用角色和专门知识的严格体系结构域的时代似乎正在逝去。

可以说，现代业务问题的复杂性要求个人具备一套技能，以提供从客户需求到运营需求，再到技术平台和组件的体系结构，但这是非常困难的。

2. 难以全面地设计和管理

许多 EA 框架（例如 TOGAF）使用以下方法：设计现在或未来的远景规划和解决方案，了解当前状态与所需结果之间的差距，然后将这些差距形式化为项目驱动，以执行方法和流程来实现未来的规划。这种方法与以敏捷设计为核心的现代敏捷工作方式并不吻合。敏捷交付模型需要开展 EA 的工作，也需要具有把控全局的架构体系，我们在企业架构的思维方式和工作方法上需要进行根本性的转变。

3. 无法快速更新的设计图表

从过去项目开展的情况上看，EA 项目主要是通过形式化的"人工文档"来交付的。人工文档是指使用标准对象和关系集描述的业务流程或关注领域的各种"模型"或"可视化"图表。

在更成熟的 EA 实践中，这些模型是利用通用的基础元模型构建的，并使用存储服务进行管理，从而可以经常对其进行更新。当代企业内部的变化率要求采用高度动态、准确、联动的企业架构管理，二维模型的使用越来越不足以捕获有机的、高度联网的、快速变化的现代商业生态系统。

2.3.2　现代企业架构的兴起

现代企业架构的发展演变主要体现在以下 5 个方面。

1. 无处不在的架构师

现代企业架构师具有跨技术、数据和业务体系结构领域的经验，此外通常还具有相关学科（例如系统思维、设计思维、服务设计或图形设计）方面的核心技能。

这里的核心技能指的不是"权威专家"的技能，而是"复杂问题解决者"的技能，即有能力深入了解问题，并相互协作，找到解决问题的根源。这种能力需要架构师具备解决先前复杂问题的经验，并且随着时间的推移，以及技术（例如客户研究、构想、抽象、原型设计）和工具（例如思维导图、可视化、参考模型）的不断发展，架构师会更擅长管理复杂性的业务流程协作和技术开发迭代。

现代 EA 实践的一个特征是它的不透明性，也就是说，交付过程并不是公开的企业架构项目，更不是具有特定于业务架构领域的术语，而是在日常的业务流程改造和技术服务设计中无差别地完成部分架构实践工作。

2. 适应敏捷开发

敏捷开发和更广泛的敏捷工作方式已经改变了组织管理变更和交付成果的方方面面。采用敏捷或基于 Scrum 的交付方式的主要原因是快速迭代设计和敏捷开发。现代企业架构师应该在快速设计和长远规划之间取得平衡，而不是采用管控和治理的思维方式来约束或规避快速的迭代设计过程。相反，其面临的挑战在于，如何全面理解并预测敏捷交付团队的方向和要求，并及时提供充足的相关指导。

3. 以客户与服务中心

随着在线消费业务的兴起，大多数企业越来越关注服务和客户体验。因此，现代企业架构师需要将客户"旅程地图"和"服务蓝图"作为工具包中的标准项目，并使用吸引人的方式来展示其创造价值的模式。

在现在的业务环境中，以服务为主导的业务转型越来越普遍。现代企业架构师既可以在描述业务战略、客户需求、服务，以及交付这些战略所需的运营模型和技术之间的一致性方面发挥关键作用，也可以在改善这种一致性或者何时进行改进方面发挥关键作用。

4. 软技能是最重要的

现代企业架构师需要具备出色的沟通能力，与广大受众互动，并促进其他团队产出出色的设计成果，而不是仅停留在创建 Visio 图表这种纸面工作上。

与以技术为基础的传统 EA 不同，现代 EA 以人为中心，它将人及其业务目标置于要解决的每个问题的中心。按照现代 EA 的理念，企业是围绕价值交换，并将个人组织起来的松散组织，而技术始终只是实现这些目标的工具。

现代 EA 还强调客户体验的重要性，尤其是 EA 本身客户体验的重要性，因此企业也会花费时间来设计培训课程并展示经验，从而使参与者获得宝贵的业务认知。

5. 现代企业架构的输出成果

从使用静态企业架构设计图时仅能从纸面上看到企业的业务流程，到未来多媒体可视化的数字交互式模型和技术的发展趋势，下一代数字孪生工具将具备 AI 功能，可以对动态产生的企业内容进行查询、场景测试、预测。

此外，图形设计师将崛起为 EA 团队的核心成员，这反映了 EA 迈向主流的趋势，因为它已经走出了嵌入 IT 部门并使用 IT 部门工具的历史，形式化的模型将让位于涉及特定业务主题的信息图表。这些将吸引更多的业务相关人员参与到对 EA 的构建与维护中来，同时保留 EA 工程的严格性和通用的基础元模型。

作为一门学科，企业架构经受住了时间的考验。我认为这是因为它满足了从最初的想法到最终实现的可追溯性的基本需求，即确保交付的是我们预期的。因此，我相信 EA 需要长期发挥作用，并始终需要我们抽象地进行思考、计划和测试，展示其从概念到实现的可追溯性。

在未来，我们可以将任何可以分类的工作归入具有 AI 支持的解决方案中。这将使人们专注于做人类擅长的事情，现代 EA 的交付需要具有新技能和新形式的 EA 模型。

在这种情况下，现代企业架构师的价值在于能够将设计师和敏捷构建团队聚在一起，围绕给定的业务目标，利用通用的设计语言进行协作，协调各团队的工作，并提供生态系统，以支持大胆创新和有实现价值的想法。

2.4　企业架构与数据治理

企业架构实际上是企业 IT 治理的支柱之一。IT 治理是企业治理的一部分，通过明确 IT 决策归属和责任承担机制，确保 IT 促进企业发展，并管理与 IT 相关的风险。在 IT 治理的框架下，企业 IT 组织实施各项 IT 管理工作，除了上述的企业架构管理，还包括开发管理、测试管理、质量管理、版本管理、生产运行管理、安全管理等组成部分。IT 治理的水平影响的是企业 IT 的质量，以及架构、模型、数据的质量，当然最终也影响业务的质量。

数据治理是 IT 治理与 EA 之间的重要纽带。随着大数据概念的普及和企业领导的重视，数据管控与治理逐渐被关注，但其实这并不是一个新生事物，数据治理与企业架构和 IT 治理一直是相互依存的。数据管控向上通过标准、模型及数据架构承接 EA 中的数据架构部分，向下对接 IT 系统的实现，符合数据从业务到系统承上启下的特征，实际上也成了 IT 治理与 EA 之间的重要桥梁。

在实际应用中，数据治理水平受 IT 治理和企业架构成熟度的影响。数据架构的合理性源自业务架构和应用架构的合理性，数据的有效性又由被 IT 主导的系统建设的质量决定。因此我们会看到数据治理被 EA 牵制，形成了如果不做 EA 梳理、不从业务流程梳理出发，那么数据治理可以做，但是存在业务天花板的问题；同样，数据治理又被 IT 治理牵制，对于很多有关数据质量、数据有效性的问题，如果不从 IT 设计、开发、测试、运行的规范化角度着手，那么根本无法解决。以作者多年做数据管控治理的实践经验看来，数据治理的流程和制度与 IT 治理的流程和制度是强耦合的，例如，对于原有的 IT 制度，必须在其中增加数据管控的规范性约束，才是更加有效的制度。

一般而言，企业不会同时开展 EA、IT 治理和数据治理 3 个工程，启动这 3 个工程的企业大多面临不同程度的信息化效率和效用的危机，需要进行一定范围的 IT 整体重构。大部分企业采用的路线是持续性的局部优化，因此大多数情况下对这三者之间的协同并没有明确的要求。但由于 3 个概念的重叠，尤其是数据治理和 IT 治理在流程和制度上的强耦合，因此在实际工作中，我们经常需要帮助企业理解这些概念和工作之间相互影响和相互渗透的逻辑关系，逐步把这种理解带到日常优化工作中并转化为行动，从而使各层级、各部分的数据治理和优化工作更加行之有效。

3

数据模型

数据库（DataBase，DB）是数据管理技术，是一个按照数据结构来组织、存储数据的仓库。经过近半个世纪的发展，数据库技术已具备了坚实的理论基础、成熟的商业产品及广泛的应用领域。数据模型（Data Model）描述了如何在数据库中结构化存储和操作数据。在计算机系统的实际应用中，数据模型是对现实世界数据特征的抽象、表示和处理，用来描述数据、组织数据、操作数据。按照不同的应用层次，数据模型可分为 3 种类型：概念模型、逻辑模型、物理模型。

3.1 概念模型

概念模型是一种或多或少的形式化描述。它是对真实世界的第一层抽象，是连接信息世界和真实世界的一座桥梁，实现对现实世界某些特征的模拟和抽象。通过严格定义的概念来描述现实世界中的业务数据，这些概念必须能够精确地描述系统的静态特性、动态特性和完整性的约束条件。

概念模型目前是被广泛使用的一种高层次数据模型，它是独立于任何计算机系统实现的实体联系模型。这种模型完全不涉及信息在计算机系统的表示，只用来描述某个特定组织所关心的信息结构，并将各个事物之间的关联关系表示出来。

将现实世界的客观对象转化为计算机中的数据可分为两个阶段：第一个阶段是把现实世界中的客观对象抽象为概念模型，第二个阶段是把概念模型转换为某一数据库管理系统支持的结构数据模型，如图 3-1 所示。

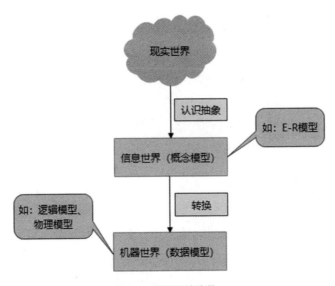

图 3-1　模型设计阶段

3.1.1　概念模型的主要概念

人的大脑对现实世界的事物有一个认识的过程，通过对事物进行选择、命名、分类等抽象工作后形成信息世界。信息世界中主要涉及以下概念。

（1）实体（Entity）：一般认为，客观上可以相互区分的事物就是实体。实体可以是具体的人和物，例如一个职工、一个学生等；也可以是抽象的事件，例如一场篮球比赛、一次考试等。

（2）属性（Attribute）：实体所具有的某一特性，一个实体可由若干个属性来刻画。属性不能脱离实体，属性是相对实体而言的，能够唯一表示实体的属性或属性集称为"实体标识符"。一个实体只有一个标识符，没有候选标识符的概念，实体标识符有时也会成为实体的主键。属性可以分类为简单属性、复合属性、单值属性、多值属性。单值属性是不可再分解的属性，复合属性是可再分解为其他属性的属性，单值属性指的是同一实体的属性只能取一个值，多值属性指同一实体的某些属性可能取多个值。

（3）域（Domain）：每个属性有一个值域，值域的类型可以分为整数型、字符串型、枚举型等。例如，职工有职工号、姓名、年龄、性别等属性，相应值域的类型分别为字符串型、字符串型、整数型、枚举型。

（4）码（Key）：能唯一标识实体集中每个实体的属性或属性集称为实体的码，也可以称为标识符。例如，职工的职工号（不可以重复命名）可以作为职工实体的码。

（5）实体类型（Entity Type）：一组属性相同的实体具有共同的特征和性质被抽象为实体类型。一个实体类型可以用实体名及其属性名的集合来抽象和刻画同类实体或区别于另一类实体，例如职工（姓名、年龄、性别、专业、职称）。

（6）实体集（Entity Set）：性质相同的一类实体的集合，例如所有的职工、全国的学生等。

（7）联系（Relationship）：在现实世界中，事物内部及事物之间存在着联系，这些联系在信息世界中反映为实体（型）内部的联系和实体（型）之间的联系。实体内部的联系通常是指组成实体中的各属性之间的联系，而实体之间的联系通常是指不同实体集之间的联系。例如，职工与部门之间岗位联系，职工与职工之间由领导联系。

两个实体型之间的联系可以分类 3 类：一对一联系（1:1）、一对多联系（1:n）、多对多联系（m:n）。

1. 一对一联系（1:1）

如果对于实体集 A 中的每一个实体，实体集 B 中至多有一个（也可以没有）实体与之联系，反之亦然，则称实体集 A 和实体集 B 具有一对一联系，即 1:1。例如，一个部门只有一位正职领导，一个正职领导只在一个部门中任职，则领导和部门之间存在一对一联系，如图 3-2 所示。

图 3-2　一对一联系

2. 一对多联系（1:n）

对于实体集 A 中的每一个实体，如果实体集 B 中有 n 个（n≥0）实体与之联系，反之，对于实体集 B 中的每一个实体，如果实体集 A 中至多只有一个实体与之联系，则称实体集 A 与实体集 B 有一对多联系，即 1:n。例如，一个部门有若干个职工，每个职工只在一个部门中，则部门与职工是一对多联系，如图 3-3 所示。

图 3-3　一对多联系

3. 多对多联系（m:n）

对于实体集 A 中的每一个实体，如果实体集 B 中有 n 个（n≥0）实体与之联系，反之，对于实体集 B 中的每一个实体，如果实体集 A 中也有 m 个实体（m≥0）与之联系，则称实体集 A 与实体集 B 有多对多联系，即 m:n。例如，若干职工拥有同一个职称，有一个职工有多个职称，则职称与职工是多对多联系，如图 3-4 所示。

图 3-4　多对多联系

3.1.2　概念模型的表示方法

概念模型的表示方法很多，其中最常用的是于 1976 年提出的实体关系模型（Entity-Relationship model）。该模型用 E-R 图来描述现实世界的概念模型。

E-R 图提供了表示实体、属性、联系的方法。

- 实体：用矩形表示，矩形内写上实体的名字。例如学生实体、课程实体、教师实体，实体用 E-R 图表示如图 3-5 所示。

图 3-5　学生、课程、教师实体

- 属性：用椭圆形表示，椭圆形内写上属性的名称，用无向线段连接实体及其属性。例如，学生实体有学号、姓名、性别、年龄 4 个属性，课程实体有课号、课名、学分 3 个属性，教师有职工号、姓名、职称 3 个属性，用 E-R 图表示如图 3-6 所示。

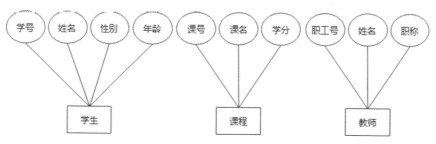

图 3-6 学生、课程、教师实体及属性

- 联系：用菱形表示，菱形内写上联系的名称。用无向线段分别与有关实体连接，并在无向线段旁标注联系的类型。例如，一个学生可以选择多门课程，一门课程可以被多个学生选择，一门课程只能规定在一个教室授课，一个教室可以用于教授多门课程，用 E-R 图表示如图 3-7 所示。

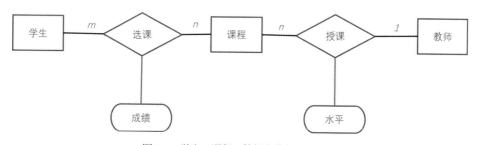

图 3-7 学生、课程、教师实体之间的联系

3.2 逻辑模型

逻辑模型反映的是系统分析设计人员对数据存储的观点，是对概念模型的进一步分解和细化。逻辑模型是根据业务规则确定的，是关于业务对象、业务对象的数据项及业务对象之间联系的基本蓝图。

逻辑模型的内容包括所有的实体和联系，确定每个实体的属性，定义每个实体的主键，指定实体的外键，进行范式化处理。逻辑数据模型的目标是尽可能详细地描述数据，但并不考虑数据在物理上如何实现。

逻辑数据建模不仅会影响数据库的设计方向，还会间接影响最终数据库的性能和管理。如果在实现逻辑数据模型时投入得足够多，那么在设计物理数据模型时就可以有多种可供选择的方法。

在逻辑模型中，层次模型和网状模型是早期的数据模型，统称为非关系模型。20 世纪 70 年代至 80 年代初，非关系模型的数据库系统非常流行，在数据库系统产品中占据了主导地位，后来逐渐被关系模型的数据库系统取代。但在美国等地，由于早期开发的应用系统都是基于层次或网状数据库系统的，因此层次数据库或网状数据库的系统仍然很多。

逻辑模型有层次模型、网状模型和关系模型 3 种类型。这 3 种逻辑模型的根本区别在于数据结构不同，即数据之间联系的表达方式不同，层次模型用"树结构"来表示数据之间的联系，网状模型用"图结构"来表示数据之间的联系，关系模型用"二维表"来表示数据之间的联系。

1. 层次模型

用树形结构来表示实体及其之间的联系的模型叫作层次模型（Hierarchical Model）。层次模型是最早出现的数据模型，它是采用层次数据结构来组织数据的数据模型。层次模型可以简单、直观地表示信息世界中实体、实体的属性，以及实体之间的一对多联系。它使用记录类型来描述实体，使用字段来描述属性，使用节点之间的连线来描述实体之间的联系。[①]

层次模型有以下 3 个特点。

（1）有且仅有一个节点，无父节点，该节点称为根节点。

（2）根节点以外的其他节点有且只有一个父节点。

（3）所有节点都可以有若干个子节点。

---

① 引用自百度百科。

2．网状模型

网状模型（Network Model）用网状结构表示实体与实体之间的联系。网状模型采用网状结构，用于描述一个节点有多个父节点这种一对多联系，以及节点之间的多对多联系。

网状模型有以下两个特点。

（1）可以有一个或多个节点没有父节点。

（2）至少有一个节点有多个父节点。

3．关系模型

关系模型（Relational Model）是用二维表来表示实体和联系的数据模型。1970 年，IBM 公司的 Edgar F.Codd 首次提出关系模型。关系模型由关系数据结构、关系操作和完整性约束 3 个部分组成。

在关系模型中，实体及实体间的联系也是由关系表示的。关系需要具有以下 7 个性质。

（1）属性的不可分割性（原子性）。

（2）属性名的不可重复性（唯一性）。

（3）属性的次序无关性。

（4）元组的个数有限性。

（5）元组的不可重复性（唯一性）。

（6）元组的次序无关性。

（7）分量值域的统一性。

3.3　物理模型

物理模型在逻辑模型的基础上，考虑各种具体的技术实现因素，设计数据库体系结构，真正实现了在数据库中存储数据。

物理模型的内容包括确定所有的表和列，定义外键用于确定表之间的关系，基于用户的需求可能需要进行范式化，考虑性能优化可能需要进行反范式化。从物理数据库的实现上来看，物理模型和逻辑模型可能会有较大的不同。

物理模型的目标是指定用数据库模式来实现逻辑模型，以及真正存储数据。最常用的物理模型有统一模型、框架存储模型。

物理模型的主要功能如下。

（1）将数据库的物理设计结果从一种数据库移植到另一种数据库。

（2）通过反向工程将已经存在的数据库物理结构重新生成物理模型或概念模型。

（3）定制生成标准的模型报告。

（4）用面向对象方法（Object Oriented Method，OOM）进行代码设计与开发。

（5）完成多种数据库的详细物理设计（涵盖常用的各种 DBMS），并生成数据库对象的.sql 脚本。

第二篇

数据模型设计篇

数据模型质量

数据模型质量影响着数据结构的设计与实现、数据库的灵活度及规范程度，也影响着对用户对数据的理解和交流。高质量的数据模型是应用系统架构健壮的基础，所以我们需要一个客观的评测方法来判断数据模型的优劣。

4.1 数据模型记分卡

数据模型记分卡是一种衡量数据模型质量的工具。

4.1.1 数据模型记分卡概述

当我们需要评估一个数据模型的优缺点，但又缺少衡量的标准时，数据模型记分卡给出了一套可供参考的方法论，用于评价数据模型的准确性、完整性等，并最终给出一个分数的定量结论，用于完成评价工作并提供进一步改进的空间。

数据模型记分卡评审法具有良好的团队友好性和建设性，特别是具有以下 4 个特点。

（1）能够突出缺点对应的改进空间和改进方法。

（2）通过使用客观的既定目标和外部评价指标进行评审工作，避免针对模型建设者的批评，有助于推进评审工作。

（3）提供简单且易于理解的评审方法，评审者无论是否具备多年数据建模经验，都可以提供建议和打分。

（4）可以广泛适用于各类数据模型。

基于以上对数据模型记分卡的简单介绍，下面我们来介绍一个具体的数据模型记分卡，以及它是怎么工作的。一个典型的数据模型记分卡由十大评分项组成，每个评分项由总分、评价分、评价分百分比及补充说明组成，如表4-1所示。

表 4-1 数据模型记分卡表

序 号	评分项	总 分	评价分	评价分百分比	补充说明
1	模型和需求的匹配度	10			
2	模型的完整性	10			
3	模型和模式的匹配度	10			
4	模型结构的合理性	10			
5	模型抽象的合理性	10			
6	模型命名的规范性	10			
7	模型的可读性	10			
8	模型的定义完备度	10			
9	模型和企业模型的一致性	10			
10	模型和数据的一致性	10			
	总分	100			

各项评分项的总分合计为100分，具体到各大类的总分占比，可以根据待评价模型和所属组织进行调整。例如，将模型和需求的匹配度的总分调整为15分，将模型的可读性的总分调整为5分，保持合计100分不变即可。评价分百分比即该项的评价分占该项总分的百分比，用于直观表示模型在该项上的表现。补充说明一列中用于填写对该项的评审总结，以便事后回顾和为下一步改进工作提供依据。

完成评审并填写各项的评价分后，我们就得到了一个评价分的总计分，即评审成果。例如，一个 90 分以上的高评价总分表示我们的数据模型建设工作非常优秀，而一个 50 分或者不被团体接受的基准线以下的评价总分表示该数据模型还不完备。无论如何，数据模型的质量评审工作告一段落，我们将根据结果推进下一步工作或对模型质量进行改进。

接下来，我们将对各评分项进行具体说明。

4.1.2　数据模型记分卡评分项

4.1.1 节中提到，数据模型记分卡由十大评分项组成，下面我们对其进行一一阐述。

1．模型和需求的匹配度

任何数据模型都是基于一定的需求和目的而建设的。评价一个数据模型的质量，无论如何也不能脱离原始需求，因此是否和需求相符、是否充分地满足需求是评价模型的第一要素。一个与需求不匹配的数据模型，即使在后续过程中建设得再完美也是无济于事的。

在理想状态下，假设我们已经拥有了完整的需求设计文档，那么我们可以浏览每个需求文档，并一一确认每个需求是否都已经出现在数据模型中。需求基于项目，而项目本身的范围、现状、应用场景和所处行业决定了需求的特征。在此基础上，模型需要匹配需求的特征，因此我们需要评审模型的业务范围和程序范围是否足够明确，是否能够支撑业务存量、业务现状和业务未来愿景的完整场景；使用的建模语言（面向业务或面向应用）是否符合应用场景，是否遵循了行业内已颁布的标准或约定的规范。假设我们需要创建一个应用，用于分析某个保险险种将在某地推广的市场前景，那么评估对应的数据模型就需要确认该模型是否采用了保险业和基于该险种的术语，是否体现了该保险是如何运转工作的，以及基于以前的状况后续将如何推广的期望流程，是否统一使用了面向应用的语言，是否遵循了国家发布的保险行业标准规范等。如果这个应用被广泛地用到更多的保险险种中，那么模型的范围也需要相应扩大。

以上讨论的是理想状态，但现实是我们往往无法获得完整和明确的需求。我们可能得到的是一个简短的用户故事，甚至是一句"我作为什么角色想要什么"，也可能得到的是一些互相之间存在冲突的需求。在敏捷开发被广泛使用的今天，我们经常会得到不断变化的需求，或者在下一个阶段会有更高优先级的需求插入队列。在这样的情况下，我们就需要分析这些原始需求的特征，甚至需要寻找和整理需求的访谈记录、报告和表格、存量的数据库或系统接口的设计等。例如，一个已经存在于文档中的早期需求与经过一段时间的实践后由经验丰富的业务或技术专家提出的需求之间，很可能存在不一致或冲突，我们就需要按照规范对需求进行归并或删减。又如，对于需求迭代非常频繁的项目，在关键核心业务实体稳定而附属属性随需求变化能满足要求的情况下，使用 Data Vault 模型可能将获得更高的需求匹配度。

综上所述，对于数据模型，我们需要根据能够获得的详细需求设计文档或用户故事、访谈记录、分析报告、存量数据库或系统接口设计等记录，将其与模型比较，检查模型的范围、应用场景、语言等是否正确，是否遵循了行业标准或约定规范，从而给出该项评分。

2. 模型的完整性

承接对模型和需求是否匹配的讨论，我们将继续检查模型是否完整表达了所有的需求。模型的完整性也同时涵盖了对模型元数据的完整性要求，即此项评审将包括模型的需求完整性和元数据完整性。

需求完整性检查用于检查模型是否包含了需求所需要的所有实体、关系等结构，同时也检查模型中是否包含了不被任何需求需要的结构。

例如，假设我们需要评审的数据模型如图 4-1 所示。

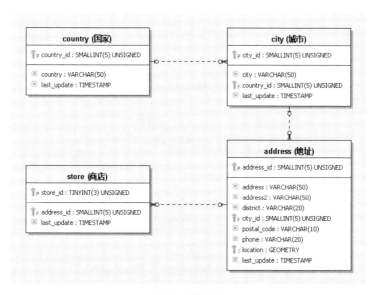

图 4-1　数据模型

我们记录了一批商店的位置，现在的需求是给出一张报表，报表中需要列出的是各个商店所在的国家、城市、详细地址等信息。这个数据模型确实包含了报表所需要的所有字段，满足了该需求的下界，但是我们仔细看地址（address）表，会发现其中的电话（phone）

字段对于报表需求是多余的。我们需要对比模型的设计说明和需求的来源，判断电话字段是否确实是多余的，需求是否发生了变化。如果电话字段确实是重要的，那么应该把它也加入需求中，反之，我们应该去除该字段。

元数据完整性检查包含对模型业务元数据和技术元数据的检查。业务元数据包含模型中与业务相关的信息，以本节中的模型为例，我们可能需要检查的业务元数据如下。

- 业务目标：获得商店的详细地址报表。

- 模型名。

- 模型定义：记录所有商店的地址，并对商店、地址信息、城市、国家和它们之间的关系等信息分表存放。

- 模型创建日期。

- 模型创建者。

- 模型最终版完成日期。

- 模型修改者。

- 其他组织关心的业务信息。

技术元数据则是模型中对技术和 IT 人员有用的所有信息，包括任何与实际数据库存储相关的信息。我们可能需要检查的技术元数据如下。

- 模型文件名、模型文件存储路径。

- 模型的各个版本。

- 表名。

- 字段名、字段的数据类型，字段的默认值，字段是否可以为空等。

- 索引/约束名，是否为唯一索引/约束，是否包含所有必需字段等。

- 其他特定的数据库物理特性，如分区、分卷等。

综上所述，我们需要仔细检查模型是否完整描述了需求，如果缺少信息，则应该增加元数据；如果信息冗余，则应该删除或者修改需求。我们还需要检查模型是否包含了所有应该描述的业务元数据和技术元数据，已备业务和技术人员查询，从而给出对该项的评分。

3. 模型和模式的匹配度

我们已经探讨了模型是否准确和完整地描述了需求、模型本身是否具备完整的业务和技术元数据。那么如何将所有业务和技术元数据通过某种方式组织起来，准确和完整地描述需求呢？这也是评审的重要内容之一。

我们知道，从模型级别上分类，数据模型可以分为概念模型、逻辑模型和物理模型。处于新业务拓展初期阶段或需要展示系统概览的情况下，使用概念模型可能是更好的选择；需要描述独立于技术细节的详细业务逻辑，并准备将其使用于不同类型数据库时，最好采用逻辑模型；最终落地到具体数据库描述具体技术细节的，应该是物理模型。

从模型结构上分类，数据模型可以是范式模型、维度模型、星型模型、Data Vault 模型等，我们将在后续章节中对这些不同的模型建设方法进行详细的讲解。我们需要评估所采用的建模方式的优缺点，确认其能比采用其他建模方式更完整和有效，例如，需求是一个十分明确的报表时，非常适合采用维度模型。

4. 模型结构的合理性

在检查数据模型的模式是否和需求相匹配且符合实践的要求后，我们将继续评审模型的结构是否合理。与土木工程中实际施工前需要评审设计蓝图类似，我们在实际使用数据模型并将其运用到数据库之前，也需要评审模型的结构合理性，包括模型结构的一致性、逻辑自洽和规范性。

模型结构的一致性本质上要求若模型中某个属性/字段在实体/表中多次出现，那么这些属性/字段应该具有相同的定义，包括且不限于中文名、物理名、数据类型、注释等。相对地，若两个属性/字段具有不同的实际意义，那么它们就不该拥有相同的中文名、物理名和注释。

模型的结构必须是逻辑自洽的，不能存在矛盾和无法实现的细节。例如，在实体关系模型中，主键和唯一键必须是非空的；不应该存在一个自引用的主键—主键关系，也不应该存在一个由若干主键—主键关系形成的环状引用结构。物理模型是面向数据库的，因此一个物理模型中不能存在违反数据库约束的结构，比如，模型中不能存在多个同名的表，一个表中也不能存在多个同名的字段，根据面向的数据库的要求不同，键名也必须是模型全局唯一的。所有上述对象不能采用数据库的保留字命名，同时也应尽可能避免使用数据库的关键字命名。物理模型可能还需要关注数据库的版本，比如，一个针对 Hive 的物理模型需要保证字段的默认值和非空约束是 Hive 3.0 可实现的特性，那么我们就需要特别标注该模型是否可以默认被应用到 Hive 3.0 以下的环境中。

此外，以下的模型结构规范性细节也应该被关注。

- 是否有表和其他任意表之间都不存在关系。除非这个表存在特别的用途并加以标注，否则就应该质疑它。

- 外键引用的字段是否和被引用主键/唯一键中的字段一一对应。如果是物理模型上的严格约束，那么我们还要检查对应字段的定义是否一致。

- 是否存在冗余的索引。应该根据需要谨慎地创建索引，同时存在拥有相同成员字段的索引也是需要被质疑的。

- 是否存在同一个外键被不同的关系引用。去除其中的重复关系，或者为这些关系创建不同的外键并明确不同的定义。

- 所有对象（表、字段、索引……）的名称长度不应过长，尤其在物理模型中，需要严格检查对应数据库的命名长度限制。例如，oracle11g 中表名最大长度是 30，而在 oracle21c 中是 128。

总之，一个数据模型拥有一致的结构对象定义及逻辑自洽且规范的结构，那么在结构合理性评审上就能取得高分，反之则需要进一步改进 。

5. 模型抽象的合理性

模型的抽象合理性在于模型对业务中概念的抽象程度和描述清晰度的平衡取舍是否合理。模型过于抽象，那么模型的理解成本就会增加，相应地，其作为沟通媒介的价值就会下降；模型过于详细，那么系统的构建和查询成本就会上升，灵活性下降，若有后续需求时，系统的改造成本会相应上升。一般情况下，概念模型、逻辑模型、物理模型在抽象程度上是依次下降的，但我们也需要根据实际需求进行调整。

例如，假设我们需要描述一个纳税业务，建立模型如图 4-2 所示。

图 4-2 纳税模型

在模型中，我们定义了纳税人和税两个概念实体，并简单标记了它们之间的关系。假如我们的需求中需要体现个人和企业纳税的不同之处，那么就会有如图 4-3 所示的扩展纳税模型。

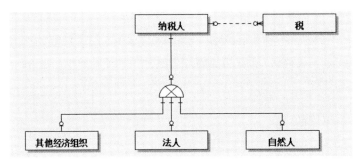

图 4-3 扩展纳税模型

如果需求中要求我们查询某个自然人的税务总额，那么当前模型是符合要求的；如果需求中还涉及不同税种的额外特殊属性，那么模型就需要再做扩展。

在评审模型的抽象合理性时，通常我们需要遵循以下原则。

- 模型要求灵活性，则倾向于抽象。

- 尽可能提取业务中的共性概念进行抽象。

- 模型要求清晰可用，减少歧义和争论，则不选择抽象。

- 在应用场景中要求速度和性能（如分析系统）较高时，不选择抽象。

6. 模型命名的规范性

为了保持整体系统或模型内的数据一致，数据模型需要遵从统一的组织内命名规范。这些规范包括对象的物理名称是否区分大小写、是否采用驼峰式命名或连接符命名方式、缩写是否一致、索引命名是否遵循可能的规律，等等。不同的组织可能存在迥异的命名规范，请根据所遵从的规范进行检查。通常这些规范包括如下内容。

- 物理名称是否区分大小写，是否应首字母大写或全大写/小写。

- 单词之间是否存在连接符，连接符是否统一。

- 对象命名是否遵守内部定义的规律，如索引名称的可能格式为 idx_[表名]_[序号]。

- 对象命名是否符合内部定义的命名词典，如词典中存在告警（ALARM）和预案（PROPOSAL）两项，那么若一个中文名为告警预案的字段，其物理名称遵守该词典得到的可能结果应该是 ALARM_PROPOSAL。

通常，我们能借助工具在建设模型时设置模型需要遵守的命名规范和命名词典，轻松地实施这些规范和词典得到一个优秀的数据模型，并在事后检验模型是否符合规范，轻松地完成该项评审。

7. 模型的可读性

现在我们有一个数据模型，其中有千余个实体，这在一些较大型的系统中是常见的情况。假设这些实体全部杂乱无章地分散在一个画布上，关系交错在一起，这对需要展示和阅读这个数据模型的人来说不啻于一场灾难，甚至前述的各类评审工作也无法顺利进行。模型的可读性较为主观，不同组织的要求不尽相同，但也存在一些可供参考的原则。

- 尽量将大型复杂模型分解，将所有实体归类到不同的主题域中。不同的主题域区分了实体的不同作用或类别，有助于读者的阅读和查询，在需要的时候甚至可以使用多级主题域。例如，我们将若干实体按用途角色分别归类到参与方和产品合约两个主题域中，对参与方再进行分类，如图 4-4 所示。

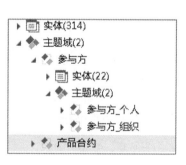

图 4-4　不同主题域

每个主题域拥有自己的关系布局，可以大大提升查询和阅读的便利性。

- 实体布局清晰，排列整齐，确保不同实体在图形上显示时没有重叠。对需要重点关注的实体，可以将其置于模型的视觉中心或使用图框等辅助加以突出。可以使用建模工具提供的各种布局方式，再根据需要自行调整。例如，维度模型可以使用环状布局，而关系实体模型可以使用分层布局，以体现实体之间的父子关系。

- 统一主题域中大部分属性所使用的字体，而对重要的属性可以使用字体加粗、改变颜色等方式加以突出。属性过多且对于主题域所需展示信息不重要时，可以使用仅显示部分属性（例如主键成员和唯一键成员）的方式，使模型保持简洁。

- 模型中的关系线应尽可能少地与其他关系和实体相交，长度不宜过长。如果使用正交直线模式，应尽量减少关系线改变方向的次数。例如，一个关系布局比较合理的模型如图 4-5 所示。

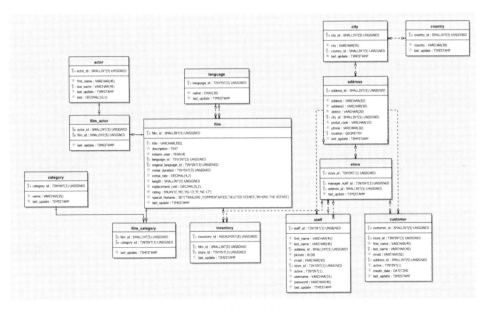

图 4-5　关系布局比较合理的模型

总体来说，主题域设计合理，布局清晰简洁、层次分明、重点突出的模型将在本项中获得高分。模型建设者在设计模型时使用合适的建模工具，并站在其他阅读者的角度考虑，这将对提高模型可读性非常有帮助。

8. 模型的定义完备度

本项的评审标准非常简单：模型中的所有的实体/表和属性/字段都有正确和清晰的中文名、定义。通常由于各种原因（如数据库的对象名存储长度限制），模型中表名和字段名都采用缩写的方式，并不能让阅读者直观地明白它们表达的含义，特别是在一些存量的系统（如 SAP）中尤为如此。这时，中文名和定义就能帮助使用者轻松理解模型和元数据的含义。

首先，我们需要检查是否所有的实体/表和属性/字段都有中文名和定义，通常工具能帮助我们检查这些缺失的部分。其次，检查已有的中文名和定义的拼写是否正确，和对象本身的含义及业务是否相符。对于引用的情况，尽量标注来源。在所属领域已有通用标准的情况下，尽量使用通用标准中的中文名和定义。对于有确定值域的属性/字段，确保引用了相应的标准代码，否则应该在定义中简单举例说明。以上各方面表现良好的模型可以在本项中得到高分。

9. 模型和企业模型的一致性

进行这项评审的前提是所属组织已有建设好的企业模型可供参考和比较，且评审的模型不是企业模型本身。企业模型是一个集成整个企业所使用、生产和消费的所有数据、提供整体视角的模型，和企业模型保持一致能大幅降低部门间的共同成本。如果没有企业模型，那么使用一个存量的相似模型或行业模型也是可能的选择，否则本项评审的分数应该被分给其他项目。

本节的评审标准也非常简单：模型中所有的实体/表和属性/字段的中文名、物理名和定义和企业模型中的对应项保持一致，属性/字段的数据类型是否一致，关系是否在企业模型中有对应项且一致。

使用建模工具将企业模型设置为一个共享的数据模型，供所有模型建设者读取，并记录其来源，这对模型的使用和本项评审工作的进行非常有帮助。

10. 模型和数据的一致性

本项评审主要检查模型和实际数据是否一致，即模型中的属性/字段是否和已存在（或将存在）的数据相匹配。

通常，为了保证模型的数据一致性，在建设模型时需要尽可能利用组织内已定义好的数据标准和标准代码。在严格的情况下，我们认为每个属性/字段都需要有对应的数据标准，并且属性/字段和对应的数据标准拥有一致的名称、定义、类型等。

此外，对于已实施到数据库中的模型，我们可以利用建模工具将数据库逆向为一个模型，并和待评审模型进行对比，以确保两者的属性/字段是否一致。完全一致的情况，将在本项评审中获得高分。

4.2　数据模型规范

在 4.1 节中，我们详细介绍了什么是数据模型记分卡及如何使用记分卡评价数据模型的质量，并对模型中质量不高的部分加以改进。这些模型评审工作对提升模型的质量非常有效，但更重要的是在建设模型的时候就尽力保证质量，而不是寄希望于事后改进。事实上，各个评审项目中已经介绍了建设高质量模型时应该遵守的许多原则和规范，我们所需要做的就是尽力在实际建模工作中应用它们。

当我们需要对业务建设数据模型时，可能被使用的通用建议性规范列举如下。

- 根据业务和需求要求的详细程度确定模型的概念层级。如果存在一个模型无法满足所有需求的情况，那么通常应该根据概念模型—>逻辑模型—>物理模型的顺序依次设计。

- 选择合适的建模方法。典型的场景有在联机事务处理（On-Line Transaction Processing，OLTP）系统中使用范式模型，在联机分析处理（On-Line Analytical Processing，OLAP）系统中使用维度模型或统一星型模型。后续章节中详细介绍了各种建模方法的优缺点和适用场景，在此不再赘述。请根据实际需求对比不同建模方法加以抉择，合理的建模方法将大大提升系统的整体性能。

- 尽量采用模块化设计，遵循高内聚和低耦合原则，合理使用主题域分离不同模块，区分核心和扩展功能。

- 确保每个业务和需求都被模型满足。在一个需求迭代较为频繁的情况下，还需要考虑模型的灵活度和可扩展性，修改存量模型是否会对当前业务造成负担。

- 使用已有的组织内规范建设模型，包括共享级企业模型、公共数据标准、业务词典、命名标准等，保持组织内模型的一致。

- 拥有一个可读性良好的图形来表示模型。

此外，不同概念层级和建模方法建设的模型也各自具有一些特有的模型规范。对于不同的建模方法所需的建模规范请参考后续章节，同样不再赘述。在此对概念模型、逻辑模型、物理模型的适用规范做简单分析，仅供参考。

以下是对概念模型的一些建议性规范。

- 确保所有实体都是基本的、不可或缺的。概念模型强调简洁性，应保证删去任何一个实体，业务都会完全不同或无法满足需求。

- 尽量保留实体间的多对多关系，这同样是为了保证简洁。

- 正确描述实体间的关系，确保每个关系都有其对应的关联信息。当使用概念模型建设逻辑或物理模型时，关联信息是实现关系的主要参考。

逻辑模型和物理模型存在以下一些通用的规范。

- 确认键/索引拥有至少一个成员属性/字段，除非具体特殊的意义需要占位并进行了说明。

- 确保所有唯一键/索引之间不存在重复，成员属性/字段是非空的。

- 建议每个实体/表都有主键，即使不实际建立约束。

- 每个关系都有对应的外键，且关系不会形成严格互相依赖的环状结构。

逻辑模型独立于数据库的物理细节如下。

- 非唯一键主要用于提升检索性能，是实现业务的技术细节，因此除非必要，否则不在逻辑模型中出现。

- 使用 super-subtype 关系时确保每个 subtype 有且仅有一个 supertype，并标注分类所需的属性。

物理模型需要考虑具体的数据库物理细节和技术实现方案，因此需要考虑更多情况。

- 不同于逻辑模型，物理模型需要对应实际在表上明确创建必要的非唯一索引，提升检索性能。

- 不能出现多对多关系或 super-subtype 关系。对于多对多关系，需要创建明确的表用于存储关系信息；对于 super-subtype 关系，一般将每个 subtype 转化为一对一的主外键关系。

- 确保每个表和字段都有中文名称和详细的定义，这是阅读者理解表/字段存储信息的主要依据。

- 确保表、字段、索引等对象的物理名称长度不超过实际数据库能容纳的最大长度。

- 不使用数据库的保留字、关键字作为对象的物理名称，尽量少地使用特殊字符。

- 字段必须拥有数据库能够兼容的数据类型。

数据模型质量的重要性毋庸置疑，模型的每个微小改变都可能对整个系统造成蝴蝶效应般的巨大影响。因此，我们需要借助建模工具或其他手段时刻关注组织内数据模型规范的实施状态，模型建设完成后，需要使用创建模型质量报告或进行数据模型记分卡评审等方式不间断地进行检查，以确保模型质量，提升系统整体性能。

5

范式建模

在本章中，我们会着重介绍范式建模的由来和方法，并就第一范式、第二范式、第三范式等常用范式建模方法的定义和特征进行阐释，以求使对数据建模认知处于不同层面的读者都可以理解和掌握范式建模的精髓。

5.1 范式与模型

为了更好地理解范式建模，我们首先需要了解"范式"和"模型"两个概念。

范式（Paradigm）的概念最初是由科学哲学领域的大咖、美国著名科学哲学家 Thomas Kuhn 提出的，并在其 1962 年出版的著作《科学革命的结构》（*The Structure of Scientific Revolutions*）中给出了系统阐述。在 Kuhn 看来，范式是一种对本体论、认识论和方法论的基本承诺，是科学家集团所共同接受的一组假说、理论、准则和方法的总和，本质上是一种理论体系、理论框架，在该体系框架之内的该范式的理论、法则、定律都被人们普遍接受。后来，这种科学研究方法的理论体系被用在计算机科学上，数据库设计范式的概念由此应运而生。我们在本书中所提到的范式均属于数据库术语范畴，即符合某一种级别的关系模式的集合，表示一个关系内部各属性之间的联系的合理化程度。

模型（Model）的本义最初来源于对实物的模拟造型，是指通过主观意识借助实体或者虚拟表现构成一种客观阐述形态结构的表达目的的物件（物件并不等于物体，不局限于实体与虚拟，不限于平面与立体）。延伸到数据科学领域的模型则称为数据模型（Data Model），数据模型是对数据特征的抽象，它从抽象层次上描述了系统的静态特征、动态行为和约束条件，为数据库系统的信息表示与操作提供一个抽象的框架。[①]数据模型所描述的内容包括数据结构、数据操作和数据约束 3 个部分。

综上，了解了范式和模型、数据模型的概念后，我们不难理解范式建模就是根据关系数据库对数据课表设计的范式理论体系规则要求，将实体数据化表述后的数据结构、数据操作、数据约束进行抽象性、共识性、准确性描述的知识沉淀过程。

众所周知，在设计关系数据库时需要遵照一定的规范要求，目的在于降低数据的冗余性，保证数据的一致性，这些规范就可以称为范式（Normal Form，NF）。关系数据库中的数据关系必须满足一定的规范性要求，满足不同规范性程度要求的为不同范式。目前关系数据库有 6 种范式：第一范式（1NF）、第二范式（2NF）、第三范式（3NF）、鲍依斯-科得范式（BCNF）、第四范式（4NF）和第五范式（5NF，又称完美范式）。各种范式之间的关系如图 5-1 所示，满足最低要求的范式是第一范式，在第一范式的基础上进一步满足更多规范要求的称为第二范式，因此第二范式是第一范式的子集，其余范式以此类推。范式越高，意味着表的划分更细，一个数据库中需要的表也就越多，用户不得不将原本相关联的数据分摊到多个表中。当用户同时需要这些数据时，只能采用连接表的形式将数据重新合并在一起，会对数据库的数据调用效率有较大影响。一般来说，数据库只需满足第三范式即可。

图 5-1　各种范式之间的关系

---

① 引用自百度百科。

范式建模是针对关系数据库发展起来的数据建模方式,源于关系数据库的广泛主流应用,范式建模也是数据建模中最早出现和应用最广泛的数据建模方法之一。范式建模的主要目标是避免数据不一致,提高对关系的操作效率,尽可能节省存储空间,同时兼顾满足数据应用的需求。下面分别对不同范式建模的特点及区别进行阐释。

5.2　第一范式

在第一范式（1NF）中,关系中的每个属性都不可再分,特点是原子性,字段不可分。即表的列信息具有原子性,不可再分解。数据库表的每一列都是不可分割的原子数据项,而不能是集合、数组、记录等非原子数据项。当实体中的某个属性有多个值时,必须拆分为不同的属性。通俗理解,即一个字段只存储一项信息。示例见表 5-1 和表 5-2。

表 5-1　建模表

姓名	部门	职位	工　资		办公地点	员工信息					计划转正日期
			试用期工资	转正后工资		工龄	年龄	学历	性别	司龄	

表 5-1 不符合第一范式的属性原子性要求,其"工资"和"员工信息"都可以再进一步分解成表 5-2 中的"试用期工资""转正后工资"和"工龄""年龄""学历""性别""司龄"等。

表 5-2　第一范式建模表

姓名	部门	职位	试用期工资	转正后工资	办公地点	工龄	年龄	学历	性别	司龄	计划转正日期

5.3　第二范式

第二范式（2NF）具有唯一性,即一个表只能说明一个事物。在第二范式中存在主键,非主键字段依赖主键。

第二范式要求实体的属性完全依赖于主关键字。所谓完全依赖，是指不能存在仅依赖一部分主关键字的属性，如果存在，那么这个属性和主关键字的这一部分应该分离出来，形成一个新的实体，新实体与原实体之间是一对多的关系。为了实现区分，通常需要为表加上一列，以存储各个实例的唯一标识。简而言之，在第二范式中，属性完全依赖于主键。

主属性可以决定余下其他属性的值，其他的就为非主属性。如表 5-3 所示，其中，表的主属性为底盘编号，底盘编号可以决定剩下属性的值，剩下的属性就为非主属性。

表 5-3　第二范式示例（1）

省	月	市	区县	年	车辆型号	品牌	所有权	发动机型号	排量	功率	燃料种类	车长	车宽	车高	底盘编号
山西省	3	晋城市	城区	2013	EQ6450PF1	东风	个人	DK13-06	1587	74	汽油	4500	1680	1960	EQ6440KMF
山西省	12	长治市	长治城区	2013	DXK6440AF2F	东风	个人	DK15	1499	85	汽油	4365	1720	1770	DXK6440AF2F
山西省	12	长治市	长治城区	2013	DXK6440AFF	东风	个人	DK13-08	1299	70.5	汽油	4365	1720	1770	DXK6440AFF
山西省	12	长治市	长治城区	2013	EQ6420PF7	东风	单位	BG13-20	1300	60.5	汽油	4180	1635	1960	EQ6400KMF7
山西省	12	长治市	长治城区	2013	GHT6401E	航天	单位	HH412Q/P-A	1200	63	汽油	4010	1620	1915	GHT6401E

第二范式是在第一范式的基础上建立起来的，并在第一范式的基础上消除了非主属性对于码的部分函数依赖。即第二范式要求数据库表中的每个实例或行必须可以被唯一区分，为了便于区分，我们通常需要设计一个主键。当存在多个主键时，不能存在只依赖于其中一个主键的属性，这不符合第二范式。通俗理解是任意一个字段都只依赖表中的同一个字段，示例如表 5-4~表 5-6 所示。

表 5-4　第二范式示例（2）

省	月	市	区县	年	车辆型号	所有权	发动机型号	底盘编号
山西省	3	晋城市	城区	2013	EQ6450PF1	个人	DK13-06	EQ6440KMF
山西省	12	长治市	长治城区	2013	DXK6440AF2F	个人	DK15	DXK6440AF2F
山西省	12	长治市	长治城区	2013	DXK6440AFF	个人	DK13-08	DXK6440AFF
山西省	12	长治市	长治城区	2013	EQ6420PF7	单位	BG13-20	EQ6400KMF7
山西省	12	长治市	长治城区	2013	GHT6401E	单位	HH412Q/P-A	GHT6401E

表 5-5　第二范式示例（3）

发动机型号	排 量	功 率	燃料种类
DK13-06	1587	74	汽油
DK15	1499	85	汽油
DK13-08	1299	70.5	汽油
BG13-20	1300	60.5	汽油
HH412Q/P-A	1200	63	汽油

表 5-6　第二范式示例（4）

车辆型号	品 牌	车 长	车 宽	车 高
EQ6450PF1	东风	4500	1680	1960
DXK6440AF2F	东风	4365	1720	1770
DXK6440AFF	东风	4365	1720	1770
EQ6420PF7	东风	4180	1635	1960
GHT6401E	航天	4010	1620	1915

在表 5-3 中，车辆销售表中的销售信息（时间、地区）依赖于底盘编号，但是发动机参数、车型分别依赖发动机型号和车辆型号，因此可以拆分成表 5-4、表 5-5 和表 5-6。

为了更好地理解第二范式建模的过程和方法，下面我们来逐步阐释这些数据库表中各属性关系的依赖。

5.4　函数依赖

若在一张表中，在属性（或属性组）X 的值确定的情况下，必定能确定属性 Y 的值，

那么就可以说 Y 函数依赖于 X，写作 $X{\rightarrow}Y$。也就是说，在数据表中，不存在任意两条记录，它们在 X 属性（或属性组）上的值相同，而在 Y 属性上的值不同。这也就是"函数依赖"名字的由来，类似于函数关系 $y=f(x)$，在 x 的值确定的情况下，y 的值一定是确定的。

例如，在表 5-7 中，姓名函数依赖于工号，表示为"工号→姓名"。但是反过来，因为可能出现同名的员工，所以可能有两条不同的员工记录，它们在姓名上的值相同，但对应的工号不同，所以不能说工号函数依赖于姓名。

表 5-7 函数依赖示例

工号	姓名	部门	职位	办公地点	员工状态	工龄	年龄	学历	性别
301	张三	华北营销中心	高级销售经理	北京	正式	8	32	本科	女
302	李四	华北营销中心	高级销售经理	北京	试用	17	39	本科	男
303	王五	华中营销中心	中级销售经理	郑州	正式	13	34	本科	男
304	赵六	华南营销中心	中级销售经理	深圳	正式	11	31	本科	男

表 5-7 中还有其他的函数依赖关系，比如部门→办公地点。

但以下函数依赖关系则不成立。

- （年龄，学历，性别）→姓名

- （部门，职位，办公地点）→姓名

将函数依赖这个概念展开，还有完全函数依赖、部分函数依赖、传递函数依赖 3 个概念。

（1）完全函数依赖：在一张表中，若 $X \rightarrow Y$，且对于 X 的任何一个真子集（假如属性组 X 包含超过一个属性），$X' \rightarrow Y$ 不成立，那么就称 Y 完全函数依赖于 X，记作 $X \xrightarrow{F} Y$。例如，工号→姓名。

（2）部分函数依赖：假如 Y 函数依赖于 X，但同时 Y 并不完全函数依赖于 X，那么就称 Y 部分函数依赖于 X，记作 $X \xrightarrow{P} Y$。例如，（工号，职位）$\xrightarrow{P}$ 姓名。

（3）传递函数依赖：假如 Z 函数依赖于 Y，且 Y 函数依赖于 X，那么就称 Z 传递函数依赖于 X，记作 $Z \xrightarrow{T} Y$。

5.5 码

设 K 为某表中的一个属性或属性组，若除 K 之外的所有属性都完全函数依赖于 K，那么我们称 K 为候选码，简称为码。当 K 确定的情况下，该表除 K 以外的所有属性的值也就随之确定，那么 K 就是码。一张表中可以有超过一个码。例如，对于表 5-7，工号就是码，该表中有且仅有这一个码。

5.6 非主属性

包含在任何一个码中的属性称为主属性。例如，对于表 5-7，主属性就有一个——工号。

回过来看 2NF。首先，我们需要判断表 5-7 是否符合 2NF 的要求。根据 2NF 的定义，判断的依据实际上就是看数据表中是否存在非主属性对于码的部分函数依赖。若存在，则数据表最高只符合 1NF 的要求；若不存在，则符合 2NF 的要求。判断的方法如下。

第一步：找出数据表中所有的码。

（1）查看所有的单个属性，当它的值确定了，看剩下的所有属性值是否都能确定。

（2）查看所有包含两个属性的属性组，当它的值确定了，看剩下的所有属性值是否都能确定。

（3）查看所有包含了 10 个属性，也就是所有属性的属性组，当它的值确定了，看剩下的所有属性值是否都能确定。表 5-7 中所有的函数依赖关系如图 5-2 所示。

表 5-7 的码只有一个，就是工号。根据第一步所得到的码，找出所有的主属性。主属性是工号。在数据表中，除去所有的主属性，剩下的都是非主属性。非主属性有 9 个，分别是姓名、部门、职位、办公地点、员工状态、工龄、年龄、学历、性别。

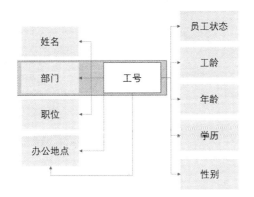

图 5-2 表 5-7 中所有的函数依赖关系

第二步：查看是否存在非主属性对码的部分函数依赖。

对于（工号，部门）→办公地点，有工号→办公地点，存在非主属性姓名对码（工号，部门）的部分函数依赖。所以表 5-7 存在非主属性对于码的部分函数依赖，最高只符合 1NF 的要求，不符合 2NF 的要求。

为了让表 5-7 符合 2NF 的要求，我们必须消除这些部分函数依赖，办法就是将大数据表拆分成两个或者更多、更小的数据表，在拆分的过程中，要达到更高一级范式的要求，这个过程叫作"模式分解"。模式分解的方法不是唯一的，以下是其中一种方法。

• 员工（工号，姓名，部门号，职位，员工状态，工龄，年龄，学历，性别）

• 部门（部门名，办公地点）

对于员工表，其码是工号，主属性也是工号，非主属性是姓名、部门号、职位、员工状态、工龄、年龄、学历、性别，不存在非主属性分数对于码工号的部分函数依赖，所以此表符合 2NF 的要求。

对于部门表，其码是部门号，主属性是部门号，非主属性是部门名和办公地点，因为码只有一个属性，所以不可能存在非主属性对于码的部分函数依赖，所以此表符合 2NF 的要求。

图 5-3 和图 5-4 表示了模式分解后的新的函数依赖关系。

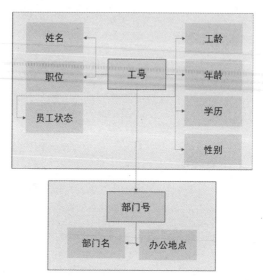

图 5-3　模式分解后的函数依赖关系

姓名	部门号	职位	员工状态	工龄	年龄	学历	性别
张三	301	高级销售经理	试用	8	32	本科	女
李四	301	高级销售经理	试用	17	39	本科	男
王五	302	中级销售经理	试用	13	34	本科	男
赵六	303	中级销售经理	试用	11	31	本科	男

部门号	部门名	办公地点
301	北京营销中心	北京
302	河南营销中心	郑州
303	深圳营销中心	深圳

图 5-4　模式分解后的示例表

5.7 第三范式

在第三范式（3NF）中，非主键字段不能相互依赖，不存在传递依赖。

满足第三范式必须先满足第二范式，第三范式要求一个数据库表中不包含已在其他表中已包含的非主键字段。例如，如果某个表的某字段信息能够被推导出来，就不应该单独设计一个字段来存放这些信息。如果某一属性依赖于其他非主键属性，而其他非主键属性又依赖于主键，那么这个属性就是间接依赖于主键，被称作传递依赖于主属性。第三范式中要求任何非主属性不依赖于其他非主属性，即不存在传递依赖。为了满足第三范式，我们通常会把一张表分成多张表，在一张表中不能包含一些字段，在其他表里是非主键字段，比如院校地址和院校电话，如图 5-5 所示。

学号	姓名	年龄	性别	院校	院校地址	院校电话
1111	张三	23	男	清华大学	北京市海淀区颐和园路 5 号	666666
2222	李四	24	女	北京大学	北京市海淀区双清路 30 号	888888

学号	姓名	年龄	性别	院校	院校	院校地址	院校电话
1111	张三	23	男	清华大学	清华大学	北京市海淀区颐和园路 5 号	666666
2222	李四	24	女	北京大学	北京大学	北京市海淀区双清路 30 号	888888

图 5-5 通过改造符合第三范式示例

在图 5-5 上方的表中，"院校地址"是依赖于"院校"的，"院校"又依赖于主键"学号"，存在传递依赖，因此不符合第三范式，需要将其拆解成对应的下方的学生表和院校表。

三大范式只是设计数据库的基本理念，没有冗余的数据库未必是最好的数据库。有时，为了提高运行效率、提高读性能，就必须降低范式标准。降低范式就是增加字段，减少查询时的关联，提高查询效率，适当保留冗余数据。这就是反范式化，反范式化一定要适度，并且在原本已满足三大范式的基础上再做调整。如果完全遵守三大范式，可能会影响查询效率，所以一般不会完全遵循三大范式（只遵守前两大范式）。

5.8 鲍依斯-科得范式

鲍依斯-科得范式（BCNF）是比第三范式更严格的一个范式，它要求模型中所有的属性（包括主属性和非主属性）都不传递依赖于任何候选关键字。也就是说，当一张表中功能上互相依赖的那些列的每一列都是一个候选关键字时，该表满足 BCNF。BCNF 实际上在第三范式的基础上，进一步消除了主属性的传递依赖。

满足 BCNF 的关系模式的条件如下。

（1）所有非主属性对每个码都是完全函数依赖。

（2）所有的主属性对每个不包含它的码也是完全函数依赖。

（3）没有任何属性完全函数依赖于非码的任何一组属性。

5.9 范式建模工作方法和流程

以上说明了各种范式建模的定义和特点，对于数据建模，我们除了掌握它的概念，更重要的是学以致用，也就是利用范式建模的理论把数据建模工作一步步落到实处，即从概念建模、逻辑建模，最终到物理建模的工作方法和流程。

1. 概念建模阶段

此阶段主要做 3 项工作，分别是与客户交流、理解需求、形成实体。

这也是一个迭代过程，如果先有需求，那么我们应尽量去理解需求，明白当前项目或软件需要完成什么，如果有不明白或不确定之处，应该及时和客户进行交流，将与客户确认过的需求落实到实体中。但是通常我们需要通过先和客户交流，进而将交流结果落实到需求中，之后进一步具体落实到实体中。

下面举例说明，在一个 B2C 电子商务网站中，一个常见的需求是客户可以在该网站上自由购物。通过这句话，我们可以得出 3 个实体——客户、网站、商品。就像 Scrum（敏捷开发框架的一种）中倡导的一样，每个 Sprint 都要产出实实在在的东西，在概念建模阶段，我们就要产出实体，即客户和商品（这里我们不考虑网站这个实体）。

在创建这两个实体时，我们要将对需求及业务规则的理解作为定义添加到实体中，这些信息将会成为数据字典中非常重要的一部分，也就是所谓的元数据。例如，在用户这个实体的定义上，我们可以写"用户都要通过填写个人基本信息和一个邮箱来注册账号，之后使用这个邮箱作为登录账号，从而登录系统进行交易"。

在概念建模阶段，我们只需要关注实体，不用关注任何实现细节。这个阶段不需要把具体表结构、索引、约束，甚至存储过程都确定好，这些是在物理建模阶段需要考虑的，这时考虑还为时尚早。

2．逻辑建模阶段

在该阶段中，将实体细化成具体的表，同时丰富表结构。这个阶段的产物是可以在数据库中生成的具体表及其他数据库对象（包括主键、外键、属性列、索引、约束，甚至视图及存储过程）。在实际项目中，除了主外键，对于其他的数据库对象，我们一般会在物理建模阶段建立，因为其他数据库对象更贴近于开发，需要结合开发工作一起进行。例如，我们既可以在网页上做 JavaScript 约束，也可以在业务逻辑层或数据库中做这项工作，具体在哪里做需要结合实际需求、性能及安全性而定。

例如，针对客户（Customer）这个实体及我们对需求的理解，可以得出以下几个表的结构，比如用户基本信息表（User）、登录账户表（Account）、评论表（Comments，用户可能会对产品进行评价）。当然这个案例中还会有更多的表，如用户需要自己上传头像（图片），那么要有 Picture 表。

针对产品实体，需要构建产品基本信息表（Product），通常情况下，产品会有自己的产品大类（Product Category）甚至产品小类（Product Sub Category）。某些产品会因为节假日等原因进行打折，为了得到更好的效果，会创建相应产品折扣表（Product Discount）。一个产品会有多张图片，因此创建产品图片表（Product Picture）及产品图片关系表（Product Picture Relationship）；也可以只设计一张 Picture 表，用来存放所有图片、用户、产品和其他内容。

客户进行交易，即要和商品发生关系，就需要交易表（Transaction）。一个客户会买一个或多个商品，因为一笔交易会涉及一个或多个产品，因此需要创建一个 Transaction 和 Product Discount 之间的关系（Product Discount 和 Product 是一一对应的关系），称其为类目表（Item），其中保存交易信息表（Transaction ID）及这笔交易涉及的产品打折信息表（Product Discount ID）。很多系统需要有审计功能，如某个产品历年来的打折情况及与之对应的销售情况，这里暂不考虑审计方面的内容。

这样根据需求确定下来具体需要哪些表（Column），进一步丰富每一个表，其中会涉及主键的选取或使用代理键（Surrogate Key）、外键的关联、约束的设置等细节。只要能把每个实体属性落实下来就很不错了，因为随着项目的开展，很多表属性会有相应的改动。至于其他细节，对于不同数据库厂商，具体实现细节不尽相同。关于主键的选取，有人喜欢所有的表都用自增长 ID 作为主键，而有的人希望以唯一能标识当前记录的一个属性或者多个属性作为主键。当自增长 ID 作为代理主键时，对于将来以多个类似当前交易系统作为数据源及构建数据仓库的情况，这些自增长 ID 主键会是一个麻烦（在多个系统中，相同表存在大量主键重复）；使用一个属性或多个属性作为主键，不管主键是否可编辑，读写效率都是必须要考虑的。

3．物理建模阶段

数据库建模工具可以将物理建模阶段创建的各种数据库对象生成为相应的 SQL 代码，运行并创建相应的具体数据库对象，大多数建模工具都可以自动生成数据定义语言（DDL）的 SQL 代码。但是这个阶段不仅可以创建数据库对象，针对业务需求也可以做数据拆分（水平或垂直拆分）。例如在 B2B 网站中，我们可以将商家和一般用户放在同一张表中，但是出于实用性考虑，我们可以将其分为两张表。随着业务量的上升，交易表越来越复杂，整个系统越来越慢，这时我们可以考虑数据拆分，甚至是读写分离（即实现 Master-Slave 模式，MySQL/SQL Server 可以使用主服务器和从服务器之间的数据复制操作（Replication），不同存储引擎采用不同的方案），这个阶段也会涉及集群的内容。

总结一下，1NF 的数据库表列具有数据项原子性；2NF 具有主键唯一性及属性对主键的完全依赖；很多人把 3NF 奉为经典，3NF 确实很好，但 3NF 是在伴随关系数据库发展几十年前提出来的，那时的数据量、访问频率和如今完全不是同一个数量级的，因此我们不能一味地遵守 3NF。在整个数据建模过程中，在保证数据结构清晰的前提下，尽量提高性能才是我们应该关注的要点。

6

数据仓库

数据仓库（Data Warehouse，DW）的概念始于 20 世纪 80 年代。数据仓库可以帮助我们将组织内不同数据源的数据整合到公共的数据模型中，并为组织的业务运营提供商务智能应用，为组织的决策提供支持和创造价值。数据仓库的建设过程与数据架构的设计、数据模型的开发是密切相关的，企业数据模型的质量是数据仓库建设质量的关键指标。

6.1 数据仓库的演化过程

自 20 世纪 70 年代以来，很多组织机构都将投资集中在新型的业务流程自动化系统上。组织机构积累了大量而且不断增长的数据，存储在组织不同的运营数据库中。当组织希望从运营数据中分析数据并提供数据决策时，发现不同系统的数据库数据存在不一致性及重复性，数据仓库的概念正好能够解决数据的不一致性问题及寻求有效的解决方案。

6.1.1 数据仓库的发展阶段

图 6-1 描述了数据仓库发展的五个阶段。

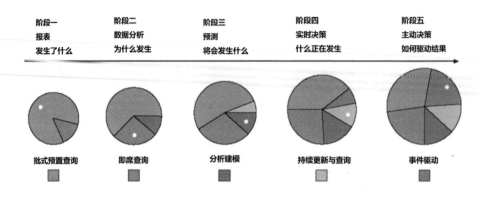

图 6-1　数据仓库的发展阶段

（1）固定报表阶段：通过预置的固定报表，解决"what happen"的问题。

（2）即席分析阶段：通过增加即席查询，解决"why did it happen"的问题。

（3）趋势预测阶段：引入数据建模，预测未来，解决"what will happen"的问题。

（4）实时决策阶段：支持实时数据变化及查询，解决"what is happening"的问题。

（5）主动决策阶段：基于事件驱动主动决策，解决"what do I want to happen"的问题。

6.1.2　数据仓库技术架构的演进

企业负责组织业务战略调整及业务发展的需求，在 IT 技术高速发展的情况下，企业的业务数字化进程得到强有力的支持，相应的业务数据在数据量级及数据复杂度方面出现了明显的变化：数据量级从 GB 级别发展到 TB 或 PB 级别，业务流程精细化管理导致数据复杂度显著增加。早期传统的数据仓库技术架构也一直在演进中，目前可以将数据仓库技术架构分为传统数据仓库架构、离线大数据架构、Lambda 架构、Kappa 架构、混合架构等。我们可以根据企业数据战略充分利用数据采集、数据存储、数据计算等 IT 技术，并选择合适的技术架构来建设数据仓库。

1. 传统数据仓库架构

传统数据仓库架构如图 6-2 所示。这是一种比较传统的方式，结构或半结构化数据通过离线 ETL 定期加载到离线数仓，之后通过计算引擎取得结果，供前端使用。这里的"离线数仓+计算引擎"通常由大型商业数据库来承担，例如 Oracle、DB2、Teradata 等。

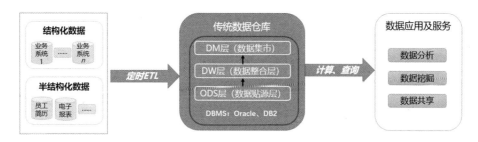

图 6-2 传统数据仓库架构

传统数据仓库架构的应用场景如下。

（1）企业的数据资产量级不是很庞大，采用传统的关系数据库管理就足够了。

（2）企业更加关注主数据管理，并且对于数据应用的实时性要求不是很高，历史数据采集周期定义到天以内，数据应用没有随采随出的需求。

（3）建设数据仓库的主要目标是对历史数据按数据主题进行数据转换、数据归集，可以支撑数据分析、数据挖掘等数据应用，实现企业主数据的有效管理或数据分享等数据服务。

2．离线大数据架构

随着数据规模的不断扩大，传统数据仓库架构难以承载海量数据。随着大数据技术的普及，我们通常采用大数据技术来承载存储与计算任务，也可以使用传统数据库集群或 MPP 架构数据库，例如 Hadoop+Hive/Spark、Oracle RAC、Greenplum 等。

离线大数据架构与传统数据仓库架构的明显区别在于数据存储方式的不同,离线大数据结构更适合当前大型企业的数据规模及实际管理场景。

3．Lambda 架构

Lambda 架构如图 6-3 所示。随着业务的发展，人们对数据实时性提出了更高的要求，将对实时性要求高的部分拆分出来，增加了一条实时计算链路，从而催生了 Lambda 架构。从源头开始做流式改造，将数据发送到消息队列中，实时计算引擎消费队列数据，完成实时数据的增量计算。与此同时，批量处理部分依然存在，实时与批量并行运行，最终由统一的数据服务层合并结果提供给前端。一般情况下，我们以批量处理结果为准，实时结果主要用于快速响应。

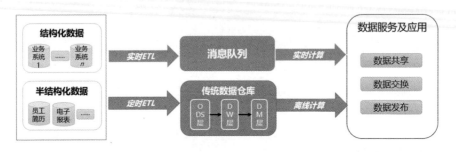

图 6-3　Lambda 架构

Lambda 架构及后面所述的 Kappa 架构，主要都是为了适应实时数据采集及业务，用于实现随采随出的数据反馈。典型场景有支撑互联网行业的数据推荐场景，以及我们较熟悉的场景，比如淘宝、京东等 App 会根据用户对商品的浏览记录实时推荐相关商品。

4．Kappa 架构

Lambda 架构存在的一个比较严重的问题就是需要维护两套逻辑，一部分在批量引擎实现，另一部分在流式引擎实现，维护成本很高，而且对资源的消耗也较大。Kappa 架构的诞生正是为了解决上述问题。如图 6-4 所示，在 Kappa 架构中，当需要重新处理数据或进行数据变更时，可以通过上游重放（从数据源拉取数据重新计算），并重新处理历史数据来完成。Kappa 架构存在的最大问题是流式重新处理历史数据的吞吐能力弱于批处理方式，但这可以通过增加计算资源来弥补。

图 6-4　Kappa 架构

5. 混合架构

上述架构各有其适应场景，但有时需要综合使用上述架构来满足实际需求，这也必将带来更高的架构复杂度，用户应根据自身需求，有所取舍。在大多数场景下，我们可以使用单一架构解决问题。现在很多产品在流批一体化、海量化、实时性方面也有非常好的表现，我们也可以考虑使用这种"全能手"来解决问题。

6.1.3 数据仓库的发展趋势

数据仓库的发展趋势如图 6-5 所示，从中我们可以清晰地了解到，从人工收集数据到电脑辅助，再到计算机智能，数据量与数据复杂度都在以指数级的速度高速增长。数据仓库的发展趋势需要符合逐渐提高的数据需求，数据量的膨胀和数据复杂度的加剧是我们必须要考虑的两个重要因素。

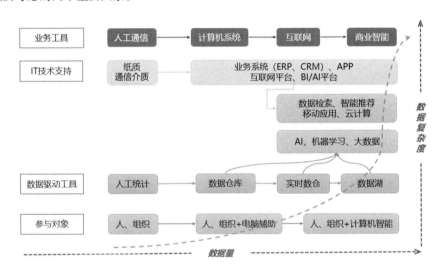

图 6-5　数据仓库的发展趋势

关于数据仓库的发展，我们从以下几个方面来说明。

（1）实时数仓：数据仓库技术已发展到了允许运营数据和仓库数据之间更密切同步的阶段。我们称这样的数据仓库为实时（Real-Time，RT）或近实时（Near-Real Time，NRT）数据仓库。实时数据仓库目前的架构有 Lambda 架构和 Kappa 架构。人工智能、数字化转型等需求对数据的实时性要求越来越高，未来传统离线数仓可能会逐渐消失，实时数仓将成为主流数据仓库。

（2）海量数据承载：随着技术的发展和数字化转型的应用，数据仓库承载数据的体量指标将越来越大，十亿、百亿、TB 甚至 PB 级别将成为数据仓库的容量刚需。

（3）多模化：传统的数据仓库基本上只存储结构化的数据，很少存储半结构化、非结构化数据，然而数据科学和人工智能方面将更多地关注半结构化、非结构化数据，因此需要数据仓库能够提供相应能力进行服务。目前，数据湖、湖仓一体是较好的实现方案。

（4）多元化：数据的使用方式将出现多元化特征。除了常规的复杂查询、高频点查等外，搜索类、向量计算等也将成为常规计算需求。对于客户来说，要在单一平台提供更加丰富的计算能力，不再需要频繁移动数据，只需一站式解决。

（5）虚拟化：由于数据量级的激增及数据需求实时性的要求，给数据服务提出更大的挑战，传统的数据集中生成并提供数据服务的方式难以满足需求。通过虚拟化技术实现虚拟数据仓库，构建轻量化的解决方案，无须移动数据即可形成虚拟数据并提供数据服务，可以有效解决上述问题。

（6）智能化：机器学习、人工智能都需要组织在数据仓库平台上提供有效和高质量的数据，以支撑智能化的数据需求。

（7）数据治理能力：除了传统的数据存储、计算能力，由于组织数据资产梳理及业务系统数据支撑需要高质量的数据，数据仓库平台需要具有数据治理能力或者与组织数据治理平台进行数据集成的能力，实现对元数据、数据血缘、数据质量的管理，形成对数据的全生命周期管理。

6.2　数据仓库的概念

数据仓库的概念最早由 IBM 以"信息仓库"的形式提出，现在大众比较认同的概念是由"数据仓库之父"Bill Inmon 提出的，他也是数据仓库最早的倡导者。

数据仓库是指用于管理决策支持过程的、面向主体的、集成的、时变的、非易失的数据集合。数据仓库的成功实现可以为我们带来以下好处。

- 潜在的高投资回报率：虽然组织必须投入大量的资源来确保数据仓库的成功实现，但是根据一些权威的数据公司的调查报告，我们可以发现，数据仓库的回报远大于投入的资源。例如，根据 IDC（国际数据公司）的调查，数据仓库项目平均每3 年的投资回报率（ROI）达到了 401%（IDG，1996），而对于业务分析行业，平均一年的 ROI 达到了 431%（IDG，2002）。

- 竞争优势：高回报率是数据仓库增强竞争优势的有力证据，这主要是因为决策者可以通过数据仓库的数据服务实现用户画像、发现趋势、挖掘业务等需求。

- 企业决策者不断增长的生产力：数据已定义为生产要素，而数据仓库通过创建一个一致的、面向主体的（面向主题的）、包含历史数据的集成数据库，提升了数据的质量及使用率，也提高了企业决策者的生产力。

6.3 数据仓库的体系结构

数据仓库的典型体系结构如图 6-6 所示。

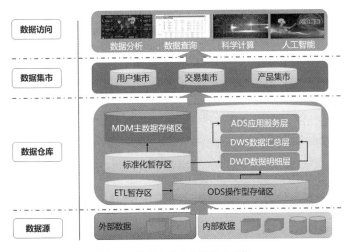

图 6-6 数据仓库的典型体系结构

数据仓库的体系结构可以分为数据源、数据仓库、数据集市、数据访问 4 个层次。

- 数据源一般是指原始数据（运营数据），数据来源于组织中不同的业务源系统。

- 数据仓库是核心区域，根据实际运用的需求，这个区域可能会包括操作型存储区（ODS）、主数据存储区（MDM）、ETL 和标准化暂存区、数据明细层（DWD）、数据汇总层（DWS）、应用服务层（ADS）等。

- 数据集市（DM）通常是用于支持数据仓库环境的展示层，它也是数据应用的数据提供者。

- 数据访问是指通过访问数据仓库的数据进行数据分析、数据查询、科学计算、人工智能等应用。

6.4 数据仓库的工具与技术

与数据仓库构建和管理相关的工具和技术有 ETL 工具和技术、数据分析和数据质量控制、元数据管理、数据模型工具等。

（1）ETL 工具和技术：ETL 是指提供数据的提取、变换和加载的技术。在数据仓库建设的过程中，ETL 工具及技术是数据仓库的关键工具及关键实现过程。因为数据仓库是逐层来集中数据的，因此需要有效的 ETL 工具提供稳定且可控的 ETL 技术来实现数据的集成。

（2）数据分析和数据质量控制：数据分析提供来自源系统的数据数量和质量的重要信息。数据质量控制是数据仓库成功实现的保障。

（3）元数据管理：在数据仓库的建设中，需要通过相关工具记录数据仓库的元数据，并存入元数据存储库中。元数据管理能保留仓库中数据的各种信息，包括源系统的详情、数据变换的细节、数据合并和分割的细节、数据加工血缘关系等内容。

（4）数据模型工具：利用数据模型工具实现企业数据模型、主题域模型、概念模型、逻辑模型的分层设计开发，能帮助数据仓库的建设团队明确业务需求，并可以通过模型的精确表达形式与利益相关方确认数据需求及业务。此外，数据模型的标准化建设有利于数据仓库元数据的标准化管理，保障数据的一致性生成及规范化。通过数据模型的血缘继承开发，保障数据仓库的建设符合企业数据架构和企业数据战略。

6.5　企业级数据仓库

数据仓库从开始建设就是为企业服务的,现在一般数据仓库的建设同样也是指企业级数据仓库的建设。

关于企业级数据仓库的建设,作为全球数据仓库的先驱者,NCR 公司提出了一套关于数据仓库的建设方法论。数据仓库的建设需要严格、完善、可落地的企业级数据模型来保障。数据仓库中数据模型的建设和实施方法,主要受两位有影响力的思想领袖 Bill Inmon 和 Ralph Kimball 的影响,他们的数据仓库建模方法可以分别简称为"企业信息工厂(CIF)"和"多维数据仓库"。企业信息工厂主要采取关系范式建模的方式,多维数据仓库主要采取维度建模的方式,包括事实表和维度表、星形模型、雪花模型等形式。

6.5.1　NCR 数据仓库方法论

我们以 NCR 公司的数据仓库方法论为例来说明数据仓库的建设方法论。

1．企业级数据仓库系统循序渐进的建设过程

企业级数据仓库可以说是企业信息系统中最复杂的部分,它必须汇集来自众多业务系统的数据,支持纷繁的业务分析,满足各个层次众多用户不同的业务需求,而且它还必须能够随着业务需求的变化进行不断调整。建设一个完善的企业级数据仓库系统绝不可能通过一次项目实现,它必然是一个长期的、循序渐进的、不断完善的过程,如图 6-7 所示。这也是我们常说的"数据仓库是一个过程,而不是一个产品"的原因。数据仓库需要不断建设和发展,并伴随着企业的发展而不断成长,这决定了数据仓库系统的建设应该采用循环迭代的开发方法。

2．NCR 企业级数据仓库方法论

数据仓库系统和 OLTP 系统的目的和用处截然不同,因此数据仓库的建设与传统 OLTP 系统的开发也有很大的区别,需要采用不同的方法和手段进行建设。特别地,当企业计划实施其数据仓库时,有必要提前进行精心的规划,并寻求经验丰富的合作伙伴的帮助。作为全球数据仓库的先驱者,NCR 公司在长期的数据仓库建设过程中积累了丰富的实践经验,并且形成了一套完整的、行之有效的数据仓库方法论,内容涵盖数据仓库项目建设周期中的各个环节,包括数据仓库的规划、设计与实现、支持与增强等。这套理论被

称为"NCR 可扩展数据仓库（Scalable Data Warehouse，SDW）方法论"，如图 6-8 所示。

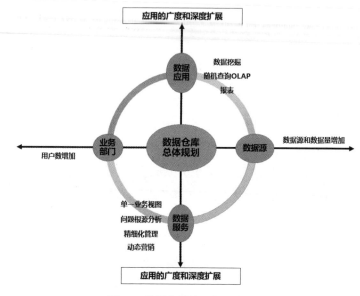

图 6-7 数据仓库系的建设过程

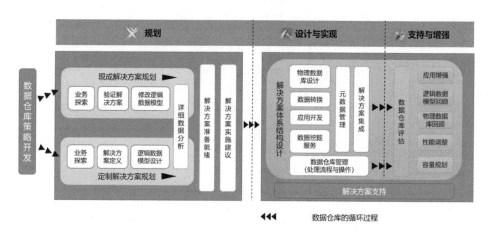

图 6-8 NCR 可扩展数据仓库方法论

6.5.2 企业级数据仓库的实施

企业级数据仓库的数据服务及数据资产是面向企业整体的，符合企业的企业架构、业务架构，遵循企业的数据战略及策略。企业级数据仓库的实施需要考虑以下几个方面。

1．企业级数据仓库的实施原则

DAMA 数据管理体系从数据管理的角度描述了企业级数据仓库的建设所需遵循的原则。企业级数据仓库的建设是为了满足企业级的数据需求及业务需求，从企业的整体架构角度来看，企业级数据仓库的建设应遵循企业业务架构、数据架构、技术架构及企业的数据战略；在数据范围上应聚焦于焦点数据；在整个建设过程中，需要配合数据治理平台进行元数据管理，而且需要建设高质量的企业级数据模型来提供支撑。

在 DAMA 数据管理体系中，数据仓库建设应遵循如下指导原则。

- 聚焦业务目标：确保数据仓库用于组织优先级最高的业务，并解决业务问题。

- 以终为始：让业务优先级和最终交付的数据范围驱动数据仓库内容的创建。

- 全局性的思考和设计，局部性的行动和建设。

- 总结并持续优化，而不是一开始就操作。

- 提升透明度和自助服务。

- 与数据仓库一起建立元数据。

- 协同。

- 不要千篇一律。

2．企业级数据仓库的实施过程

企业级数据仓库的实施过程包括三个阶段，分别是规划与调研阶段、设计与实现阶段、支持与增强阶段。各阶段的具体活动如下。

- 规划与调研阶段：业务探索、信息调研、逻辑数据建模、数据仓库解决方案准备。

- 设计与实现阶段：系统体系结构设计、物理数据库和物理数据模型设计、数据转换、应用开发、数据挖掘、数据仓库管理、元数据管理、数据仓库评估。

- 支持与增强阶段：系统维护和支持、逻辑数据模型回顾、物理数据模型回顾、性能调整、容量规划。

3．企业级数据模型

根据相关的企业级数据仓库的建设过程及原则，我们可以发现，数据模型的开发直接影响企业级数据仓库的建设效率及质量。在企业级数据仓库（EDW）的数据模型开发中，可以说最重要的就是企业级数据模型（EDM）的开发。

企业级数据模型是从企业的整体视角来开发数据模型，可以分为主题域模型、类关系模型、概念数据模型、逻辑数据模型、数据库设计模型和物理数据模型。

- 企业级数据仓库是分层建设的，核心的数据仓库层（DW）一般需要根据企业的实际情况分类形成几个数据或业务主题。主题域模型利用数据模型的精确表达形式来描述企业的主题分类，下一层级模型（概念数据模型）根据所属主题进行模型开发。

- 类关系模型用于表示单个主题域或有限的几个主题域范围内的主题域及其关系。

- 概念数据模型在所属主题域下将类关系模型进一步具体化，是逻辑模型的输入物，也是对企业数据的高度抽象模型，能够帮助我们清晰地了解企业业务所涉及的数据有哪些方面，但它不涉及数据细节内容。

- 逻辑数据模型不关心具体的实现方式（例如如何存储、表分区等）和细节，主要用于表示数据在系统中各个处理阶段的状态。它是物理数据模型的开发基础，一般情况下可以通过逻辑数据模型实例化生成物理数据模型。逻辑数据模型会明确表达数据实体、属性、主外键和数据关系。

- 数据库设计模型包括表空间、表、列、主题域模型和主/外键。通常表示一个应用系统现在或者正在设计的数据库，代表数据库构建的开始。

- 物理数据模型包含生成表和索引所需的数据定义语言（DDL），包括数据库管理系统（DBMS）的约束，是一个应用系统现存的或者计划的数据库处理规范，对应数据库设计和构建的最终步骤。

企业级数据模型的开发需要参考行业标准数据模型。行业标准数据模型规范了企业所在行业的抽象数据模型，包括行业主题域及各主题域的概念数据模型及部分逻辑数据模型。通过参考行业标准数据模型，可以得到行业业务术语、命名规范、标准词根等与行业标准相关的内容。在建设企业级数据仓库的过程中，我们需要注意应用并统一标准术语。

6.6 企业级数据仓库的解决方案

从提出数据仓库的概念到真正实现落地应用,已经过了多年的历史。在数据仓库落地的过程中,形成了多种数据仓库的解决方案。我们可以通过分析和学习这些解决方案,形成有效的企业数据仓库的解决方案。下面对数据仓库行业内较成熟的解决方案进行说明。

6.6.1 Teradata 数据仓库解决方案

NCR 公司提供了 Teradata 数据仓库解决方案。这套方案成为大多数的数据仓库从业者的首选参考学习方案。

Teradata 以"方法论""产品""专业服务"3 个角度来表示其在数据仓库的建设过程中所提供的服务及产品内容。

以金融业为例,Teradata 金融业数据主题模型以数据的角度来分析金融业的数据现状并设计相应的数据主题,通过概念模型可视化展示了这几个主题的业务内容及相互数据关系,如图 6-9 所示。

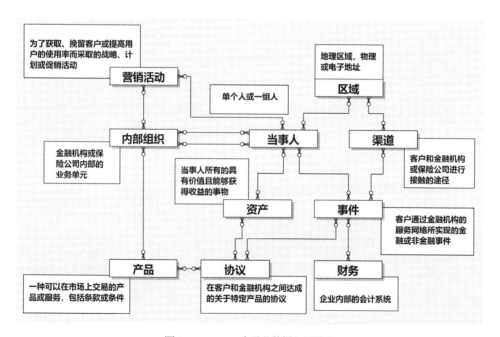

图 6-9　Teradata 金融业数据主题模型

Teradata 数据仓库整体技术体系架构如图 6-10 所示，它从技术架构层面表示了数据仓库建设中的数据存储、安全机制、数据管理之间的相互位置及 IT 技术体系。

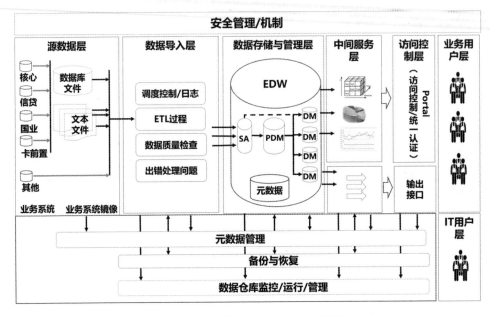

图 6-10　Teradata 数据仓库整体技术体系架构

6.6.2　IBM 数据仓库解决方案

IBM 数据仓库解决方案具有 3 层数据仓库结构，分别是 OLAP 业务系统、数据仓库、数据集市。从第一层"OLAP 业务系统"到第二层"数据仓库"为建仓过程，从第二层"数据仓库"到第三层"数据集市"为按主题分类建立应用的过程，如图 6-11 所示。

数据仓库的建设分为两步。

第一步：数据抽取、数据转换、数据分布等步骤，按照统一的数据格式标准进行统一的数据转换，建立可被企业各部门充分共享的数据仓库。

第二步：在按主题分类建立应用时，如果既要拥有多维数据库的独特功能，又要把数据存放在关系数据库中以便管理，那么 DB2 OLAP Server 是最佳的选择。

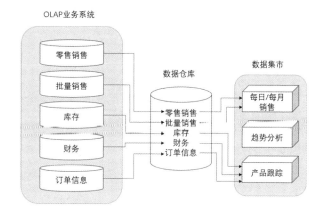

图 6-11　IBM 的 3 层数据仓库结构

6.6.3　Oracle 数据仓库解决方案

Oracle 数据仓库解决方案包含了业界领先的数据库平台、开发工具和应用系统。它突破了现有数据仓库产品的局限,能够帮助企业以任何方式访问存放在任何地点的信息,并在企业中的任何层次上满足信息检索和商业决策的需求。

Oracle 数据仓库解决方案由以下 6 个部分组成。

(1)技术基础

- 数据仓库构建工具(Oracle Warehouse Builder)

- Oracle 数据库

- 商业智能工具集

(2)市场发展分析应用

- 客户关系管理系统(Oracle CRM)

- 销售分析系统(Oracle Sales Analyzer)

(3)企业运作分析应用

- 活动成本管理(Oracle Activity Based Management)

- 财务分析器(Oracle Financial Analyzer)

（4）商业智能应用

- 业务信息系统（Oracle Business Information System）

（5）专家服务

- 数据仓库实施顾问咨询服务（Oracle Consulting）

（6）以客户为中心的合作伙伴关系

- 数据仓库技术推动计划

- 系统集成商推动计划

- 数据仓库平台市场推动计划

Oracle 数据仓库解决方案的主要产品组件包括 Oracle Express 和 Oracle Discoverer 两个部分。

（1）Oracle Express 由 4 个工具组成。

- Oracle Express Serra：一个 MOLAP（多维 OLAP）服务器，它利用多维模型存储和管理多维数据库或多维高速缓存，同时也能访问多种关系数据库。

- Oracle Express Web Agent：通过 CGI 或 Web 插件支持基于 Web 的动态多维数据展现。

- Oracle Express Objects：前端数据分析工具（目前仅支持 Windows 平台），提供了图形化建模和假设分析功能，支持可视化开发和事件驱动编程技术，提供了兼容 Visual Basic 语法的语言，支持 OCX 和 OLE。

- Oracle Express Analyzer：通用的、面向最终用户的报告和分析工具（目前仅支持 Windows 平台）。

（2）Oracle Discoverer 是专门为最终用户设计的即席查询工具，分为最终用户版和管理员版。在 Oracle 数据仓库解决方案实施过程中，通常把汇总数据存储在 Express 多维数据库中，而将详细数据存储在 Oracle 关系数据库中。当需要详细数据时，Express Server 通过构造 SQL 语句访问关系数据库。

7

维度建模

数据仓库中的经典数据模型有范式模型、维度模型、Data Vault 模型。本章主要讲解维度模型。

7.1 维度建模的基本概念

维度模型是由数据仓库领域的另一位大师 Ralph Kimball 所倡导的,他的《数据仓库工具箱:维度建模权威指南》(*The Data Warehouse Toolkit-The Complete Guide to Dimensona Modeling*)一书是在数据仓库工程领域中最流行的数据仓库建模经典著作。

关于维度建模,大众广泛接受的观点是:维度建模是展现分析数据的首选技术。大众接受此观点的原因在于它能同时满足以下两个需求。

- 以商业用户可理解的方式发布数据。

- 提供高效的查询性能。

维度建模其实不是一种新技术,早期的维度建模主要用于简化数据库,50 多年来,经过大量案例的考验,它以单一维度结构满足了用户的基本需求,这种简单性自然而然地吸引了众多的 IT 组织、行业顾问和商业用户。维度建模的简明性能够保证用户非常方便地理解数据内容，并确保软件能够迅速、高效地发现和发布数据结果。

假设一个公司的业务经理将其业务描述为："我们在各类市场中销售公司产品，并且持续不断地对我们的表现进行评估。"维度模型设计人员充分了解和分析业务内容后，就会总结出其业务数据包含了 3 个维度的数据，即产品维度数据、市场维度数据及时间维度数据。如果按照上述 3 个维度进行切片和切块操作，我们可以将多维度数据库的点表示为度量结果，比如销售额或利润，这是可以满足特定产品、市场和时间的结果。为了保持维度模型设计的简明性，我们需要从简单的数据模型开始。倘若我们一开始就设计复杂的数据模型，那么会出现由于模型太过复杂而导致查询性能低下的问题，最终使商业用户产生反感心理。

"维度"与"事实"术语最初是在 20 世纪 60 年代的一个联合研究计划中被提出的，该计划由 General Mills 与达特茅斯学院主持。实际上，Ralph Kimball 本人并没有定义维度与事实等术语。到了 20 世纪 70 年代，维度与事实等术语已经被 AC Nielsen 和 IRI 一致地用来描述他们的数据发布应用，更确切地说，就是关于零售数据的维度数据集市。在简明性设计尚未成为潮流之前，很多早期的数据库垄断组织致力于利用这些概念来简化用作分析的数据，直到他们认识到，除非数据库本身简单易用，要不然没有用户会选择用它。因此，维度模型的构建思想在将可理解性和高性能作为最高目标的驱动下应运而生。

《数据仓库工具箱：维度建模权威指南》一书中提到："尽管维度模型通常应用在关系数据库管理系统之上，但并不要求维度模型必须满足第 3 范式。"在数据库设计中强调的第 3 范式（3NF）主要用于消除冗余。规范化的第 3 范式会将数据划分为多个不同的实体，每个实体构成一个关系表。比如，对于采购单数据库，刚开始可能是每个采购单中的一行表示一条数据记录，后来为了满足第 3 范式，数据库就会变成蜘蛛网状图，也许会包含上百个规范化数据表。此外，用户在使用 BI 工具进行查询时，如果规范化的数据模型太过复杂，会导致这些模型难以被用户理解和检索。维度建模的兴起恰好解决了数据模型过于复杂的问题。需要注意的是，维度模型包含的信息与规范化模型包含的信息相同，但维度模型将数据以一种用户可理解的、满足查询性能要求的、灵活多变的方式进行了包装。

维度建模是一种逻辑设计技术，该技术试图采用某种直观的标准框架结构来表现数据，并允许高性能存取数据。维度模型是用来设计最终向用户交付的数据库的一种快速交付技术。我们可以换一种方式来理解什么是维度建模。在数据仓库的设计中，星型模型可以说是一种典型的维度模型，我们在进行维度建模时会创建一张事实表，这个事实表就是星型模型的中心，接着会有一堆维度表，这些维度表就是向外发散的"星星"。下面逐一来解释什么是事实表和维度表。

7.1.1 事实表

事实表是维度模型的基本表，存储组织机构部门业务过程事件的性能度量结果，有大量的业务度量值。因为度量的数据量十分巨大，所以不应该为满足多个部门功能的需要而将这些数据存放在多个地方，而是应该尽量将来源于同一个业务过程的底层度量结果存储在一个维度模型中，允许多个部门的业务用户访问同一个单一的集中式数据仓库，确保他们能在整个企业中使用一致的数据。由于度量结果在数据集中的占比巨大，因此必须在企业范围内的不同地方及时存储和备份这些数据。"事实"代表一个业务度量结果，例如我们要查询某个客户在某机构的某个产品合约账户下的余额，在同时满足各维度值（客户、账户、产品合同、机构）的交点处就可以得到一个度量值，其事实表示例如图 7-1 所示。

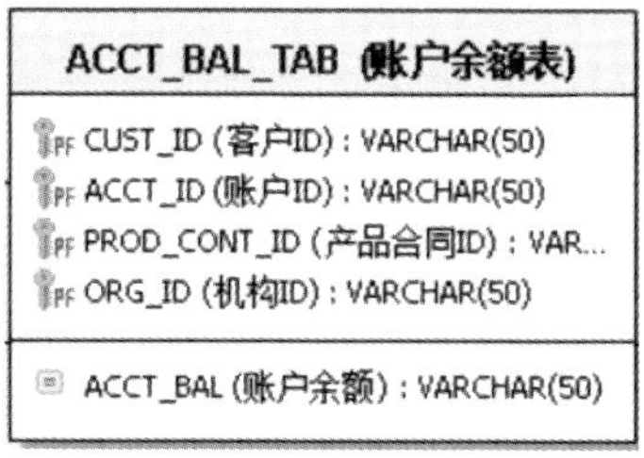

图 7-1 事实表

事实表中的每行对应一个度量值，其中，一个度量值就是事实表中的一行。每行中的数据是一个特定级别的细节数据，我们称之为"粒度"。事实表的所有度量值必须有相同的粒度。维度值的列表给出了对事实表的粒度定义，并确定了度量值的取值范围。同一张事实表中的所有度量行必须有相同的粒度，这是维度建模的核心原则之一。在建立事实表时遵守这一原则，可以避免出现重复计算度量的问题。

需要注意的是，数据物理世界的每个度量事件与事实表中相应的行具有一对一的对应关系，这一思想是维度建模的基本原则，其他工作都是在此基础上建立的。

最有用的事实度量值像账户余额一样，其数字类型为可做加法的事实度量值。可加性是至关重要的，因为数据仓库应用不仅检索事实表的单行数据，往往还一次性带回数百、数千乃至数百万行的事实数据，处理这么多行数据的最有效的方式就是将它们加起来。

有些事实度量值是半加性质的，而另一些是非加性质的。半加性质的事实度量值仅沿着某些维度相加，例如周期总数、销售占比等；而非加性质的事实度量值是不能相加的，例如状态。对于非加性质的事实度量值，我们假如需要对行数据进行总结，那么就不得不使用计数或平均数，或者降为将全部事实行一次一行地打印出来。

在理论上讲，以文本方式表示度量事实是可行的，不过这种方式很少被采用。在大多数情况下，文本型度量值是对某种事务的描述，来源于离散值列表。设计者应该尽最大可能将文本型度量值转换成维度，这么做的原因在于，将维度有效地关联到其他文本维度属性上可以大幅减少空间开销。不要在事实表中存储冗余的文本信息，除非文本对于事实表的每行来说都是唯一的，否则应该将其归属到维度表中。在数据仓库中，真正的文本事实是很少出现的，文本事实具有像自由文本内容那样的不可预见性内容，几乎没有可以对其进行分析的可能性，例如自有文本注释。

一般事实表会有两个或两个以上的外键（图 7-1 中 PF 符号标记的部分），外键是用于连接到维度表的主键。例如，事实表中的产品键始终与产品维度表中的特定产品键匹配。当事实表中所有键与对应维度表中各自的主键正确匹配时，我们就可以说这些表满足引用完整性的要求。我们可以通过维度表使用连接操作来实现对事实表的访问。

根据粒度的角色划分不同，我们可以将事实表大体分为事务事实表、周期快照事实表和累积快照事实表。事务事实表通常粒度比较低，用于承载事务数据，例如客户交易事务事实。周期快照事实表通常粒度比较高，用来记录有规律的、固定时间间隔的业务累计数据，例如消费金额月平均增长率事实表。累积快照事实表通常比较少见，用于记录具有时间跨度的全部业务处理过程信息。需要注意的是，在设计事实表的过程中，一个事实表只能有一个粒度，不能在同一张事实表中建立不同粒度的事实。

7.1.2　维度表

维度表是组成事实表不可或缺的一部分。维度表包含了与业务过程度量事件有关的文本环境，它们用来描述与"谁、什么、哪里、何时、如何、为什么"有关的事件。如图

7-2 所示，维度表包含与业务相关的文字描述。作为一个设计合理的维度模型，其中的维度表有许多列或者属性，这些属性用来描述维度表的行。维度表的属性应该尽量多地包含一些有意义的文字性描述。通常情况下，维度表包含 50 到 100 个属性。在设计维度表时，一般倾向于将行数做得很少（通常少于 100 万行），反而将列数设计得特别多。每个维度用单一主键（图 7-2 中 P 符号标记的部分）来定义。主键是确保与维度表相连的任何事实表之间存在引用完整性的基础。

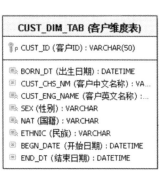

图 7-2　维度表

在数据仓库中，维度表属性承担着一个重要的角色。查询约束、分组、报表标识的主要来源是维度属性。在查询与报表请求中，属性以词或词组加以区分，例如，用"by"这个单词进行标识。我们可以举一个例子，一个用户要按照"产品合同 ID"与"机构 ID"来查看账户余额，那么"产品合同 ID"与"机构 ID"就必须是可用的维度属性。

进入事实表的入口就是维度表。丰富的维度属性提供了足够的分析切割能力。维度属性对构建数据仓库的可用性和可理解性起着非常重要的作用，给用户提供了使用数据仓库的接口。最好的属性是文本的和离散的。属性应该是真正的文字，应该包含真实使用的词汇，而不应是一些容易引起人们迷惑的编码简写符号。我们应该尽量减少在维度表中使用编码，而是用更详细的文本属性来取代它，力求最大程度上减少编码在维度表中的使用。在设计数据库时，我们有时并不能十分确定从数据源中析取的一个数字型数据字段是应该作为事实，还是应该作为维度属性看待。这时我们通常可以这样来做决定：如果字段是一个含有许多取值并参与运算的度量值，那么将其当作事实看待；如果字段变化不多并作为约束条件的离散取值，那么可以将其当作维度属性看待。

在维度类型中，有一种重要的维度被称为退化维度（Degenerate Dimension），指的是不用专门去做一个维度表，而是直接把一些简单的维度放在事实表中。退化维度是维度建模领域中的一个非常重要的概念，对人们理解维度建模有着非常重要的作用。退化维度在分析中可以用作分组，经常会和其他维度一起组合成事实表的主键，常见于交易和累计快照事实表中。

维度表属性是约束条件与报表标签的来源，因此，维度表属性成为使数据仓库变得易学易用的关键。数据仓库在很多方面的表现不过是维度属性的体现而已。数据仓库的分析能力高低取决于维度属性的质量和深度。在提供详细的业务用语属性上所花的时间和精力越多，在属性列值的给定上所花的时间和精力越多，在保证属性列值的质量上所花的时间和精力越多，数据仓库的分析能力都会越好。维度属性的强大可以给我们带来分片、分块等分析能力方面的回报。

7.1.3　维度表和事实表的融合

在理解了事实表和维度表之后，我们就可以开始将维度模型中的基本元素放在一起考虑了，也就是将两个组块一起融合到维度模型中。在表示每个业务过程时，维度模型需要包含事实表。事实表存储事件的数值化度量，被多个维度表围绕，事件发生时实际存在的文本环境包含在维度表中。如图 7-3 所示，由数字型度量值组成的事实表连接了一组填满描述属性的维度表，这个类似星型特征的结构通常被叫作星型连接，即星型模式。这一术语的采用可以追溯到关系数据库系统产生的初期，在 7.2 节中，我们会结合其他两个常见的模式对其进行讲解。

关于其中用到的维度方案，应该重点注意它的简明性与对称性。业务用户会从数据易于理解和查询浏览的简明性中获益。此外，表数量的减少及有实际意义的业务描述会让表变得更易于被查询，从而减少错误的产生。

维度模型的简明性特征也能带来性能上的好处。数据库优化器是可以更高效地处理较少连接关系的简单方案。数据库引擎可以采取的非常有效的做法是：首先对已经建立了充足索引的维度表进行集中约束（过滤）处理，然后用满足了用户约束条件的维度表关键字的笛卡儿乘积一次性处理全部的事实表。利用这种方法，只需使用一次事实表的索引，就可以算出与事实表之间的任意 n 种连接结果，实现与事实表的多重连接查询评估。

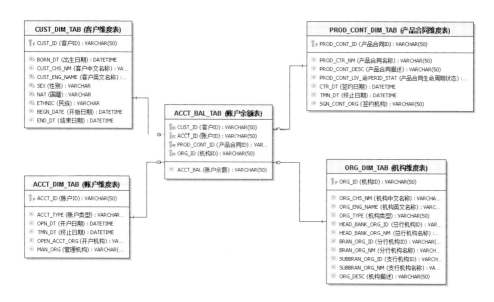

图 7-3 维度模型中的事实表与维度表

为了适应变化，维度模型应该能够很自然地进行扩展。维度模型的可预定框架要能经受住无法预见的用户行为变化所带来的考验。所有维度都是进入事实表的对等入口，每个维度都是平等的。这个逻辑模型不存在"这个月要问的业务问题在下个月有待优化"的问题，也不存在"内置的关于某种期望的查询形式"方面的偏向。没有谁希望业务用户一旦采用新的方式进行业务分析，就相应地调整设计方案。

原子数据或最佳粒度具有最佳的维度，被聚合起来的原子数据是最有表现力的数据。每个事实表设计的基础应该是原子数据，从而能够经受得住由业务用户无法预见的查询所引起的特别攻击。对维度模型来说，完全可以向方案中加入新的维度，只需要其值对每个现有的事实行存在唯一性定义。同样地，我们也可以在事实表中加入新的、不曾预料到的事实，只要其详细程度与现有事实表一致就可以了。我们可以将新的、不曾预料到的属性补充到先前存在的维度表中，也可以从某个前向时间点的角度在一个更低的粒度层面上对现存的维度行进行分解。无论在哪种情况下，我们都可以简单地在表中加入新的数据行或者执行一条 SQL ALTER TABLE 命令，对现存表格进行适当修改。数据不需要重新加载，所有现存的数据存取应用可以继续运行而不会产生不同的结果。

体会事实表与维度表互为补充的方式之一，是可以将它们转化为报表。事实表支持报表中的数字数值，维度属性支持报表过滤和标识，因此我们可以方便地构建 SQL（或由 BI 工具构建），用于建立报表。

7.2　维度建模的常见模式

本节介绍维度建模的 3 种常见模式，分别是星型模式、雪花模式和星座模式。

7.2.1　星型模式

星型模式（Star Schema）是最常用的维度建模方式。星型模式的设计样式就像星星一样，以事实表为中心，所有的维度表直接连接在事实表上。

如图 7-4 所示，星型模式的维度建模由一个事实表和一组维度表组成，它具有以下特点。

- 维度表只和事实表关联，维度表之间没有关联。

- 每个维度表主键为单独一列，且该主键放置在事实表中，作为两边连接的外键。

- 以事实表为核心，围绕核心的维度表呈星形分布。

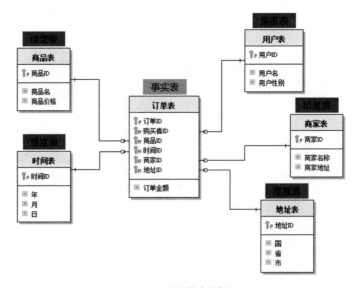

图 7-4　星型模式示例

7.2.2 雪花模式

雪花模式（Snow flake Schema）是对星型模式的扩展，如图 7-5 所示。

雪花模式是对星型模型进一步层次化展示的模式,原有的各维度表可能被扩展为小的事实表,形成一些局部的"层次"区域,这些被分解的表都连接到主维度表而不是事实表上。所以可以理解为,雪花模式的维度表是可以涵盖其他维度表的,雪花模式虽然比星型模式更规范一些,但是由于不太易于理解、维护成本比较高,而且在性能方面需要关联多层维度表,所以一般不常用。

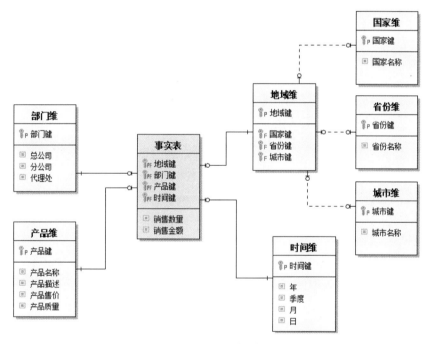

图 7-5　雪花模式示例

7.2.3 星座模式

星座模式是由星型模式延伸而来的,星型模式基于一张事实表,而星座模式基于多张事实表,而且维度表是共享的。

星型模式和雪花模式都是多张维度表对应单一事实表,然而在很多情况下,维度空间内的事实表不止一个,而一个维度表也可能被多个事实表用到。

通常在业务发展后期，绝大部分维度建模会采用星座模式，如图 7-6 所示。

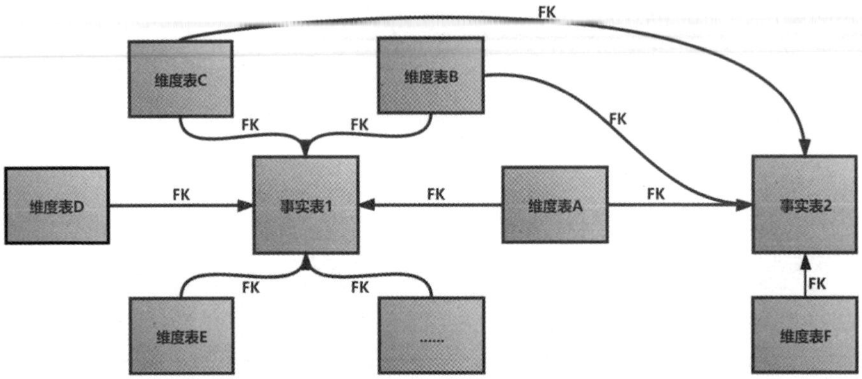

图 7-6 星座模式示例

7.3 维度建模的过程

在开始维度建模工作之前，项目组成员需要理解业务需求，以及作为基础的源数据的实际情况。通过与业务代表交流，发现他们的需求，理解他们在关键性能指标、竞争性商业问题、决策制定过程、支持分析需求等方面的诉求和目标。同时，可以通过与源系统专家交流，构建高层次数据分析访问数据可行性的方式来揭示数据的实际情况。

维度模型不应该由不懂业务及业务需求的人来设计，而应该由精通某项业务的主题专家[①]与企业数据管理代表合作设计而成。模型设计工作由数据建模人员负责，但在模型设计过程中应该与业务代表开展一系列高级别交互讨论，充分交流意见。协作是成功的关键，不同的工作人员相互讨论，也为丰富业务需求提供了可能。

维度模型设计主要涉及 4 个主要的决策，分别是选取业务处理过程、声明粒度、确认维度、确认事实。

要完成上述任务，需要考虑业务需求及协作建模阶段涉及的底层数据源。按照业务处理过程、粒度、维度、事实声明的流程，由设计组确定表名、列名、示例领域值及业务规则；而业务数据管理代表必须参与详细的设计活动，以确保模型中涵盖正确的业务内容。

---

① 出自《项目管理知识体系指南：PMBOK 指南》一书。

7.3.1　选取业务处理过程

业务处理过程工作是在公司的组织机构中进行的,一般是由源系统提供支持的自然业务活动,例如,处理保险索赔过程、获得订单过程、学生课程注册过程等。过程的选择是非常重要的,听取业务用户的意见是选取业务处理过程最高效的方式之一。在选取业务过程阶段,数据模型设计者需要具有全局和发展的视角,应该在理解整体业务流程的基础上,从全局角度选取业务处理过程。

需要重点注意的是,这里所说的业务处理过程并不是指业务部门、职能或组织。每个业务处理过程都会对应企业数据仓库总线矩阵中的一行。我们应该将注意力集中放在业务处理过程方面,而不是业务组织方面,这样才能在组织范围内提交一致的数据。多重数据流向单独的维度模型,会使用户不得不应付由不一致性而导致的诸多问题。一次性发布数据是确保一致性的最佳办法,单一的发布过程能减少 ETL 的开发量,以及后续在数据管理与磁盘存储方面的负担。因此业务处理过程的选择是十分重要的,业务处理过程定义了特定的设计目标,包括对维度、粒度和事实的定义。

7.3.2　声明粒度

定义粒度是指对各事实表中的行实际代表的内容给出明确的说明。与事实表度量值相联系的细节所达到的程度的信息是由粒度传递的。粒度对"如何描述事实表的单个行"这个问题给出了答案。

维度设计的重要步骤是定义粒度。在定义粒度时,我们应优先考虑为业务处理获取最有原子性质的数据,进而开发维度模型。原子型数据是指收集到的最详细的信息,是最低级别的粒度,这样的数据不能被更进一步地细分。通过在最细粒度上装配修饰数据,我们可以实现大多原子性质的粒度在具有多个前端数据的应用场景的价值。原子型数据是高度结构化的,具有原子性的事实度量值越细微,就越能够让用户确切地知道更多信息,所有确切知道的信息都可以转换为维度。可以看出,维度建模方法的一个极佳的搭档就是原子型数据。

原子型数据可以接受任何可能形式的约束,所以它可以为我们分析数据提供最大限度的灵活性,并能够以任何可能的形式出现。维度模型的细节性数据可以随时承受业务用户无法预期的查询内容,是非常强大的。

在业务处理方面,我们也可以定义较高层面的粒度,这种粒度表示原子型数据的聚集。但如果我们选取了较高层面的粒度,就意味着可能将自己限制到更少或者细节更小的维度中了。像这种具有较少粒度的模型,比较容易直接遭受用户深入细节而且不可预见的查询攻击。作为调整性能的一种手段,将具有概要性的数据聚集起来具有非常重要的作用,但它绝对不能作为用户存取最低层面细节数据的替代品。遗憾的是,有些行业专家对这个问题的看法一直模糊不清,他们认为维度模型只适合用于汇总性数据,不认可维度建模方法可以满足预测业务需求。这样的误解会随着具有细节性质的原子型数据在维度模型中实际可用时而慢慢消失。我们需要针对不同事实表的粒度建立不同的物理表,在同一事实表中不能混用多种不同的粒度。

7.3.3 确认维度

维度用来回答"业务人员将如何描述从业务处理过程中得到的数据"的问题。我们应该用一组在每个度量上下文中取单一值且能够代表所有可能情况的描述,将事实表"装扮"起来。在粒度方面的内容已经确定的前提下,确定维度一般是非常容易的。常见的维度有日期、客户、产品、机构和账户等。

7.3.4 确认事实

确定哪些事实要在事实表中出现,是设计过程的最后一步。事实可以通过回答"要对什么内容进行评测"这个问题来确定。在业务处理性能度量值的分析方面,业务用户会有浓厚的兴趣。在设计过程中,所有供选取的数据必须满足粒度要求,放在单独的事实表中的必须是明显属于不同粒度的事实。一个事实表的行与按照事实表粒度描述的度量事件之间存在一对一关系。所有在事实表内的事实只允许与声明的粒度保持一致。事实表通常可以从以下 3 个角度来建立。

（1）我们可以建立一个在针对某个特定的行为动作时,以行为活动最小单元为粒度的事实表。定义最小活动单元依赖于对业务需求的分析。比如,用户的一次电话通话记录、一次网页点击行为、一次网站登录行为等。我们需要从多个维度来统计这种事实表,主要用于对行为的发生情况（比如绩效考核比较、业务分布情况等）的数据分析。

（2）在针对某个实体对象在当前时间的状况时,我们可以通过存储这个实体对象在不同阶段的快照,比如用户的产品数、账户的余额等,统计实体对象在不同生命周期中的关键数量指标。

（3）在针对业务活动中的重要分析和跟踪对象时，我们可以统计企业内不同业务活动的发生情况。比如，会员可以参与或执行多个特定的行为活动。对以上两种事实表进行总结和归纳之后，就会得到一个用于跟踪和考察业务中的活动对象的事实表。

7.4　维度建模的任务建议

这里主要从组织工作和维度模型设计两个方面给出一些建议。

7.4.1　组织工作

在开始构建模型前，为了使维度建模过程能够顺利开展，我们必须开展适当的准备工作。除准备好适当的资源外，我们还需要考虑后勤保障问题，以便事半功倍地完成设计工作。

1．确定参与人，尤其是业务代表

最好的维度模型往往是小组努力协同工作的结果。没有哪一个人能够掌握有效建立模型所需要的全部业务需求、所有知识及源系统的所有特性。尽管数据建模人员能够使建模过程看上去更简单并产出交付物，但让业务专家参与其中也是至关重要的。业务专家的知识和见识是无价之宝，尤其是他们可以指出如何从源数据中得到数据，并将这些数据转换为有价值的分析信息。尽管在设计过程中加入更多的成员会使整个过程有变慢的风险，但为了得到更完整的模型设计，这些沟通是值得的。

企业中不同的部门通常致力于自己的业务规则和定义。数据管理人员需要与相关部门紧密合作，开发公共的业务规则和定义，然后在组织中游说，让大家都使用公共规则和定义，从而获得企业的一致认可。

2．业务需求评审

在开始建模之前，我们必须要熟悉业务需求。首先仔细评审业务的需求文档，然后将业务需求转换为灵活的维度模型，从而用于支持广泛的数据分析，而不是仅支持特定的报表。业务代表的加入有助于避免仅支持特定报表这种通过数据驱动建模的问题。

3．利用建模工具

在建模之前准备一些工具是非常有必要的。一种有效的方式是使用电子报表作为最初的文档工具，利用它可以在反复迭代过程中方便快速地实施变更。在建模进入最后阶段时，电子报表可以方便我们将工作转换到企业所使用的任何类型的建模工具中。多数建模工具会支持设计建立维度模型。建模工具可帮助 DBA 将设计的模型置换到数据库中，包括建表、索引、分区、视图及数据库其他物理元素。

4．利用数据分析工具

在整个建模过程中，我们需要随着理解的深入不断开发源数据结构、内容、关系和获取规则；还需要对处于可用数据状态的数据进行验证，至少可以对缺陷进行管理，了解将它们转换到维度模型时需要做些什么。

5．利用或建立命名规则

在建立维度模型的过程中，不可避免地会遇到命名规则的问题。数据模型的标识必须是描述性的，并且保持业务场景一致。设计维度模型的部分过程集中在对公共定义和标识的认定。由于不同业务部门可能对同一个名称具有不同的理解（同名异义），或者不同的名称表示的是同种含义（异名同义），因此命名工作变得非常困难。人们通常不愿意放弃自己熟悉的词汇而使用新的词汇。在命名规则上花费时间是一种看起来意义不大，但从长远的角度来看意义重大的任务。常用的命名方法是采用 3 个部分的命名标准：主词、限定词（如果适合的话）、类词。如果组织没有现成的命名规则，那么就需要在维度建模过程中建立命名规则。

7.4.2　维度模型设计

建模工作通常按照以下任务和交付物的顺序开展。

（1）定义模型范围和粒度的高级模型。

（2）详细设计每个表的属性和度量。

（3）IT 代表和业务代表进行评审和验收。

（4）设计文档定稿。

1．统一对高层气泡图的理解

设计会议的初始任务是建立目标业务过程的高层维度模型图。高层图将业务过程的维度和事实表以图形化表示，我们将其称之为气泡图。这一实体级的图形化模型确定了事实表和与之相关的维度表粒度，并将它们清楚地展现给非技术人员。气泡图能够为设计小组内部在进入细节设计前的讨论提供便利，确保每个人在被细节"淹没"前可以达成共识。

2．开发详细的维度模型

在高层气泡图设计完成后，我们就可以开始关注细节了。最有效的方法是先开始设计维度表，然后考虑设计事实表，建议在开始细节设计过程时已经具备明确的维度表。日期维度可以作为首选的维度表。开发流程建议按照以下顺序来执行。

（1）确定维度及其属性。

（2）确定事实。

（3）确定缓慢变化维度技术。

（4）建立详细的表设计文档。

（5）跟踪模型出现的问题。

（6）维护并更新总线矩阵。

3．模型评审与验证

完成模型设计后，接下来将进入评审和验证阶段。

（1）IT 评审

通常对详细维度模型的第一次评审主要由 IT 部门组织同行参与。评审人员一般由非常熟悉目标业务过程的人员组成。IT 评审是极具挑战性的，因为参与者通常不太了解维度模型。当每个人都了解一些基本概念后，首先应该从总线矩阵开始评审，这样可以让参与人对项目范围和数据结构有一定的了解；然后描述如何从总线矩阵上选择行，将其直接转换到高层维度模型图中，这样可以让所有人看到实体级别的模型映射，有利于开展后续的讨论。

多数评审会议主要通过浏览维度和事实表工作单细节开展。在讨论模型过程中，对每个表存在的问题进行评审也是很好的方法。在会议中可能会对模型进行修改，这时需要指定小组成员对相关的问题和建议进行记录。

（2）核心用户评审

若核心商业用户成为建模小组成员，则核心用户评审会议与 IT 评审会议的范围和结构类似。与普通商业用户相比，核心商业用户具有更强的技术背景，并能处理模型的细节。

（3）广泛的业务用户评审

业务用户评审更像教育和培训，同时应该描述维度模型如何支持业务需求。建议在评审会上加一些用于回答如何使用模型来解决有关业务过程范围广泛的问题，并加入示例，简略说明如何解决示例中的问题。

4. 形成设计文档

在模型稳定后，应该对设计小组的工作文件进行编制，形成设计文档，其中通常包含如下内容。

- 项目的简要描述。

- 高级数据模型图。

- 针对每个事实表和维度表的维度涉及的详细工作单。

- 开放的问题。

7.5 数据仓库总线结构

IT 与业务部门机构通常会对不同业务处理过程的集成很感兴趣。在这方面，低级别业务分析师的需求可能不是很急迫，但处于较高管理层的领导或管理者却非常清楚，对提高评估性能来说，查看跨业务范围的数据是非常有必要的。很多的数据仓库项目已经将注意力放在从终端到终端的视角，从而能更好地理解用户关系的管理需求。如图 7-7 所示，在某大型银行业务价值链的产品运营过程中，包含许多相关的业务处理过程，如产品运营、营销支持、风险管控等。

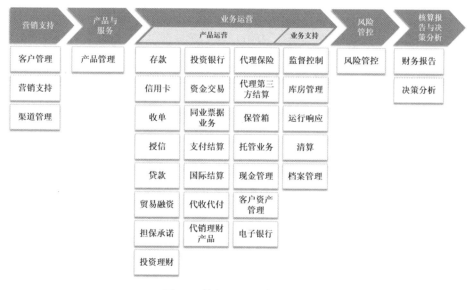

图 7-7 某大型银行业务价值链

针对这些业务处理过程，我们如果分别进行维度建模，建立独立的数据集市，那么这些数据集市之间没有共享公共的维度，就会出现数据集市变成孤立的集市这样的问题，从而无法组合成数据仓库。对于这个问题，维度共享的提出恰好给出了解决方案。图 7-8 给出了业务处理之间维度共享的逻辑表示形式。

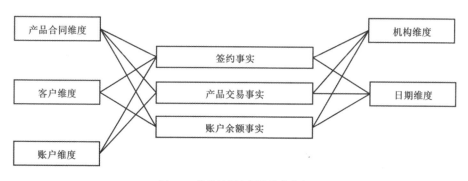

图 7-8 业务处理之间的维度共享

对于设计可以进行集成的数据集市来说，共享公共的维度具有决定性作用。这样做的目的是，来自不同业务处理过程的性能度量值可以被组合到单个报表中。我们可以使用多通路的 SQL 语句来单独查询各个集市，然后基于共同的维度属性对查询结果施加外连接，这通常被称作交叉探查（Drill Across）的连接。

将一组分布在各处的相关业务处理成一个综合的数据仓库，总线结构是最基本的要素。

显然，想一步就建成企业级数据仓库是很难的，但是将它分成单独的片段进行设计建造又会难以满足一致性这个压倒一切的目标。因此非常需要有一种可以按增量方式在体系结构上设计建造企业数据仓库的方法，使数据仓库能够长期运转。这时提倡使用数据仓库总线结构，如图 7-9 所示。

我们可以给数据仓库环境定义标准的总线接口，这样独立的数据集市可以由不同的小组在不同的时间来实现。独立的数据集市只要遵循这个标准，就可以插在一起并有效地共存。每个业务处理过程都将创建一个维度模型，这些模型由事实表和多个关联的维度组成，共享一组综合的、具有一致性的共用维度。

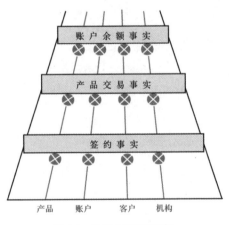

图 7-9   数据仓库总线结构

可用于分解企业级数据仓库规划任务的合理方法是由数据仓库总线结构提供的。开发团队在体系结构确立阶段的较短时间内，设计一整套在企业范围里具有统一解释的标准化维度与事实，这样就建立起了数据体系结构的框架。接下来，他们就可以全力以赴实现严格依照数据体系结构进行迭代开发的独立数据集市。随着独立数据集市的投入使用，这些独立的数据集市就像积木一样搭在了一起。从某种意义上讲，我们需要积累足够的数据集市才可能构建集成的企业级数据仓库。

数据仓库总线结构可以使数据仓库管理人员具备两个方面的优势。一方面，他们有了指导总体设计的体系框架的优势，并且将问题分成了可根据具体时限加以实施的、以字节计量的数据集市块；另一方面，各数据集市开发团队能够遵照体系指南说明文档，相对独立地开展设计开发工作。

7.5.1　一致性维度

在理解了数据仓库总线结构的重要性以后，我们就可以对一致性维度做进一步开发了。一致性维度发挥了数据仓库总线的奠基石作用。它不是同一的，而是具有最佳粒度性质与细节性质的维度在严格数学意义上的子集。例如，如果需要建立周维度，那么周维度中的各种描述就需要与日期维度中的各种描述完全一致。最常用的方法是在日期维度上创建视图，生成周维度，这样周维度就可以是日期维度的子集，在后续的钻取等操作上，周维度的描述和日期维度的描述就可以保持一致了。

一致性维度包含一致的维度关键字、一致的属性定义、一致的属性列名字，以及一致的属性值（将来会转化成一致的分组标识与报表标签）。如果属性标签包含不同的值或者标记不同，那么维度表就不是一致的或者不会被处理成一致的。如果账户或产品维度是按非一致的方式配置的，那么我们就不能将分散的数据集市放在一起使用，或者即使尝试将它们用在一起，也会产生无效的结果。

一致性维度会以几种不同的样式出现。在最基本的层次上，一致性维度意味着同它们连接的每种可能的事实表具有完全相同的内容，例如，连接到账户余额事实表上的日期维度表与连接到签约事实表上的日期维度表中的内容是相同的。实际上，在物理数据库范围内，一致性维度可能就表示相同的物理表。但如果在配置了多种数据库类型的数据仓库技术环境的典型复杂性情况下，维度更有可能在每个数据集市中同时存在备份。在上面任何一种情况下，两个数据集市的日期维度表都将包含相同数目的行、相同的属性标签、相同的关键字值、相同的属性值与相同的属性定义等，相应地，也会存在一致的数据解释、数据内容与用户信息。

7.5.2　一致性事实

一致性维度是为了将数据集市维系在一起而建立的，其中涵盖了数据仓库管理人员为数据仓库迁移开发所付出的大量努力，接下来就需要将努力投入在建立一致性事实上。

通常，需要在企业级共享的度量指标都必须具备一致性事实，例如，公司利润、成本、营业增长率、客户满意度及其他关键性指标（KPI）等。一般来说，事实表数据并不在各个数据集市之间明确地进行复制。然而，如果事实表数据确实存在于多个位置，那么支撑这些事实表数据的定义与计算方式（公式）都必须是相同的。假如将它们当作同种事物来看待，那么这些事实表数据都包含相同的标记，需要在相同的维度环境下定义它们，同时在各个数据集市之间，需要使其具有相同的度量单位。如果在事实或在业务要求上不能保持一致，那么建议将不同度量单位的事实表数据分开建立字段进行保存，这样可以降低在计算中使用了不兼容事实表数据的可能性。

多个数据集市通过一致性维度结合在一起，而且一致性事实保证了不同数据集市间的事实数据可以被交叉探查，这样我们就建成了一个分布式的数据仓库。

8

Data Vault 建模

在本章中，我们会介绍 Data Vault 建模方法，包括它的架构、使用场景等。

8.1 Data Vault 的起源

Data Vault 是一种面向细节的数据建模方法，用于在数据量增长或变得更分散和复杂时，提高数据处理的灵活性和敏捷性，有助于企业更好更快地制定业务决策。

Data Vault 由 Dan Linstedt 在 20 世纪 90 年代创建，Linstedt 的目标是使数据架构师和工程师能够更快地构建数据仓库，即用更短的实施时间，更有效地满足业务需求。2013 年发布的 Data Vault 2.0 提供了围绕 NoSQL 和大数据的一组增强功能，并引入了针对非结构化和半结构化数据的集成。

8.2 Data Vault 建模方法

Data Vault 是面向细节的、可追踪历史的，它是一组有连接关系的、规范化的表的集合，这些表可以支持一个或多个业务功能，可以处理审计、数据跟踪、加载速度和更改适应性等问题，并跟踪数据库中所有数据的来源。Data Vault 是一种综合了第三范式（3NF）

和星型模型优点的建模方法，其设计理念是要满足企业对灵活性、可扩展性、一致性和对需求的适应性的要求，是一种专为企业级数据仓库量身定制的建模方式。

Data Vault 建模的主要思想是将业务主键与属性分离，业务主键通常是业务的本质，它们很少变化，而属性可能会经常变化。Data Vault 从变化中提取不常变的部分，并将二者相关联。提取出来的属性按照业务组的不同而被分到不同的卫星表（Satellite）中，业务主键放置在枢纽表（Hub）中。业务主键之间的关联或事件（如客户 Hub 和产品 Hub 之间的"购买"事件）由连接表（Link）来构建模型，并通过卫星表来描述这种联系。从另一种角度来说，卫星表提供了 Hub 和 Link 的上下文。

下面举例说明，有一个简单的 3NF 客户订单模型，如图 8-1 所示。

这个模型是典型的应用系统交易模型的设计，由客户表（cust）和订单表（sale_order）构成，客户表存储了客户的基本信息，订单表存储了客户的订单信息。在第三范式下，两个表通过客户编码（cust_id）进行主外键关联客户的订单信息。

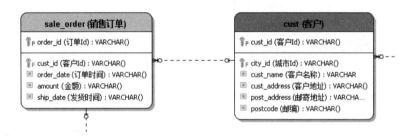

图 8-1 3NF 客户订单模型

将这个模型转化为 Data Vault 模型，如图 8-2 所示。可以看到这个 Data Vault 模型将 3NF 模型拆分为由两个 Satellite 表、两个 Hub 表、一个 Link 表构成的模型。让我们逐个详细解释数据的设计过程和涉及的每个角色表的构成。

（1）Hub 角色表：用于记录业务应用中常用的业务实体键值，如本例中的客户 ID、订单号、客户编号等，通常来自于 3NF 的表中的业务键。Hub 角色表包括以下关键字段。

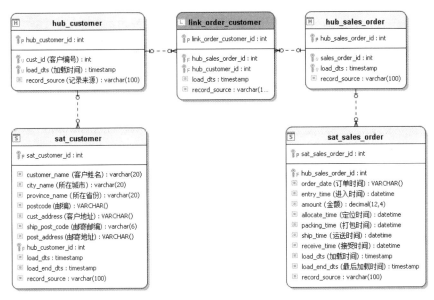

图 8-2 Data Vault 模型

- 代理主键（Surrorgate Key）：即 Hub 的主键，一般没有业务含义，通过对业务唯一信息使用 Hash 算法生成或者由数据库自动序列生成。显而易见，散列算法的代理键提供稳定性、并行加载方法和记录的父键值的解耦计算。代理主键由单一字段组成，可以和业务主键并存在一个表中。本例中的 hub_customer_id 和 hub_sales_order_id 就是根据客户表和订单表中的业务键构造的，在数据库中唯一代表每个业务记录，便于数据查询和 API 访问。

- 业务主键（Business Key）：也称自然主键（Nature Key），用于记录业务键值。业务键或自然键是一种索引，它按照业务规则根据表中自然存在的列来标识行的唯一性。例如在本例中，业务键是客户表中的客户编号（sat_customer_id）和销售订单项目编号（sat_sales_order_id）的组合。

- 加载时间（Load Data /Time Stamp）：用于记录该业务键值的记录时间。

- 数据源记录（Record Source）：用于记录该业务键值的来源系统信息，以便追踪数据。在信息加载到数据库时被自动标记，当没有元数据项目可以将信息追溯到源头时使用数据源记录，它在粒度级别上提供了每条记录到源系统的可追溯性。

如图 8-3 所示，本例中的客户实体表（cust）在数据仓库 Data Vault 模型中被拆分为一个 Hub 表和一个 Satellite 表，将业务主键（cust_id）和代理主键（hub_customer_id）连接在 Hub 表中，业务属性信息被分拆到了 Satellite 卫星表中。同时，添加了加载时间 load_dts 和源记录信息 record_source 两个字段，用来存储历史记录和原记录的来源信息。加载时间 load_dts 和 cust_id 共同构成了 Hub 表的业务主键，这是因为 Hub 中存储了历史记录，加载时间记录了数据的加载历史时间信息。

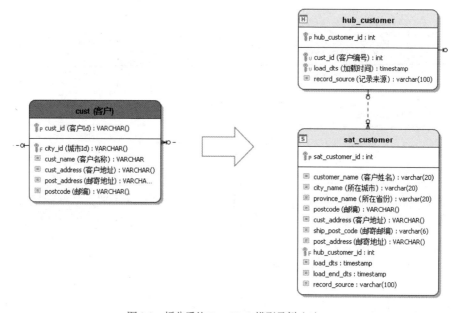

图 8-3　拆分后的 Data Vault 模型示例（1）

（2）Link 角色表：通过存储相关业务实体间 Hub 表的 SK（Surrorgate Key），来记录一对多、多对多的业务实体间关系，如员工与企业的雇佣关系、账户与客户之间的关系等。Link 角色表包括以下关键字段。

- 代理主键（Surrorgate Key）：即 Link 表的主键。

- Hub 1 SK…Hub n SK：与此 Link 相关的 Hub 表 SK，用于记录业务关系。

- 加载时间（Load Data/Time Stamp）：用于记录该业务关系的记录时间。

- 数据源记录（Record Source）：用于记录该业务关系的来源，以便追踪数据。

如图 8-4 所示，在本例中，Link 角色表描述了两个 Hub 表的业务关系，主要由代理主键（link_order_customer_id）、两个 Hub 表的代理主键（hub_customer_id）和（hub_sales_order_id）构成。如果 Link 的关联关系有额外的业务属性，那么可以建立 Link 本身的 Satellite 表。Link 表可以与其他 Link 相关联。通过 Link 表来描述两个 Hub 表之间的业务关系，解耦了实体之间的业务关系，使业务数据中稳定的部分固化，使敏捷和易变部分分布在不同的 Satellite 表中。这是 Data Vault 模型的精髓所在。

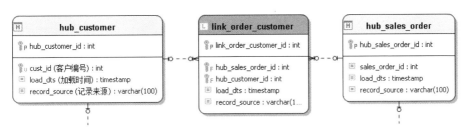

图 8-4　拆分后的 Data Vault 模型示例（2）

（3）Satellite 角色表：Hub 表中业务主键所对应的业务描述，即业务实体的属性信息。这些信息具有时效性，可能随时间变化而产生变化，因此 Satellite 角色表内的记录均具有时间维度，可以记录实体属性的历史变化情况。根据实体属性变化频率的不同，可以将一类实体的业务属性分为若干 Satellite 表，通过向 Satellite 分表追加记录在更小粒度下实现第二类渐变维（Slowly Changing Dimension，SCD）保存历史数据的特性。Satellite 角色表包括以下关键字段。

- 代理主键（Surrorgate Key）：即 Satellite 角色表的主键。

- Hub 或 Link 表的主键：Satellite 联合主键之一，用于记录该 Satellite 角色表所属 Hub 或 Link。

- 加载时间（load_dts/timestamp）：Satellite 联合主键之一，用于记录该描述信息在数据仓库中的生效时间，便于存储历史记录信息。

- 数据源（record source）：用于记录该描述信息的来源，以便追踪数据。

如图 8-5 所示，Satellite 表承载了大部分的业务属性数据，利用加载时间字段 load_dts 将历史信息通过时间轴进行不重复的记录。由于数据信息的类型或者变化频率存在差别，描述信息的数据可能会被分隔到多个 Satellite 中。

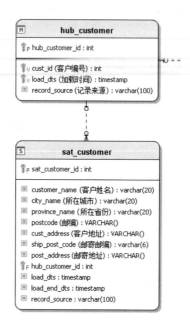

图 8-5　拆分后的 Data Vault 模型示例（3）

8.3　Data Vault 适用场景

通过前边的章节，我们了解到了 Data Vault 模型的设计理念和特点。下面简要介绍企业在什么环境下需要此模型设计模式及其在国内的应用程度。

根据作者对市场的了解，近年来，Data Vault 模型在欧美国家有比较多的讨论和实施案例，国内还没有大规模使用的案例。通过与一些大型企业的数据架构师交流发现，此模型模式主要用在数据需求变化频繁和业务关系比较复杂的场景中，以及在特定 DWD 层数据仓库的特定主题下使用。Data Vault 模型的关键特点总结如下，供读者在决策时选择使用。

- Data Vault 模型具有灵活性和可扩展性，适合企业级数据仓库的 DWD 层，尤其针对其中业务需求变化比较频繁和业务关系复杂的部分。

- Data Vault 模型具有松耦合性，适用于自动化数据湖项目，尤其是元数据和数据资产驱动的大数据项目，在这种场景下非常适合采用自动化构建和并行加载。

● 推荐使用混合模式。

每个模式的擅长场景和带来的问题都不同，我们在使用时需要加以权衡。Data Vault 模型最明显的问题是数据对象的数量庞大，这是因为 Data Vault 方法将信息进行解耦，需要引入更多的数据对象表，这同时带来了数据查询和应用多级连接的性能隐患。因此 Data Vault 适用于数据仓库的较低层级，比如 DWD 等。

Data Valut 模型与维度模型是可以并存的，并且也是有必要的。对于数据应用层来说，维度模型使用方便且简单，利用数据冗余可以解决 Data Vault 模型的松散架构带来的性能瓶颈问题；而 Data Vault 模型可以应对业务需求快速的变化，两者是互补的。

在数据仓库构建架构中，针对不同数据分层的数据及不同业务特点的数据，我们要采用不同的设计模式。Data Vault 的设计理念非常值得学习，虽然它现在还在快速迭代中，但对解决特定需求的问题，还是值得考虑和使用的。

9 统一星型模型建模

本章介绍统一星型模型，了解它的架构、使用场景和演变过程，以及统一星型模型方法与传统方法之间的区别。类比法有助于我们理解统一星型模型的关键概念，例如猎食者与猎物，以及通过电话线连接的房屋。本章还会讲到反范式化的坏处。

9.1　统一星型模型简介

统一星型模型是一个以"桥接表"为中心的星型模型，如图 9-1 所示。

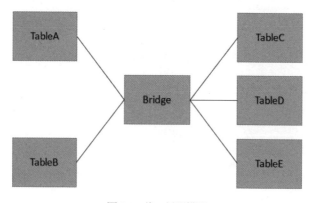

图 9-1　统一星型模型

桥接表负责处理所有表之间的连接，比如销售表、产品表、客户表、发货表、发票表、采购表、供应商表、目标表和库存表。如果创建一个关联所有这些表的普通关联查询，最终会得到重复的数据。相反，使用"桥接"根本不会产生重复数据，后续章节会介绍怎样做到这一点。接下来，我们首先了解数据集市的发展历程，以便更好地理解统一星型模型的产生及它所要解决的实际问题。

9.2　数据仓库与数据集市

应用程序具有收集数据、存储数据，以及制作数据报表的功能。本节从简单的应用程序讲起，这些应用程序可能涉及人力资源、库存控制、应付账款和各种科目。

图 9-2 描述了一个简单的应用程序。

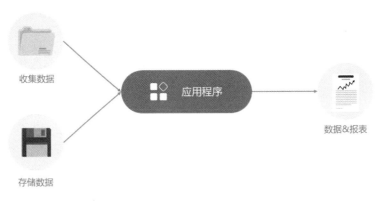

图 9-2　一个简单的应用程序

以这些应用程序为主干，随着其规模和复杂性都在增加，很快就出现了非常复杂且大型的应用程序，以及各种各样的互锁应用程序。一个应用程序捕获了数据，然后将其提供给另一个应用程序。短期内，应用程序的数量激增，出现了如图 9-3 所示的应用程序丛林。

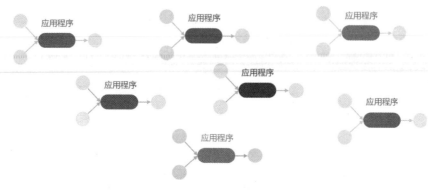

图 9-3　应用程序丛林

以应用程序为中心的体系结构的特征之一是存在抽取程序。抽取程序很简单，目的也很单一，仅将数据从一个应用程序移动到下一个应用程序。之所以出现抽取程序，是因为使用一个应用程序的用户最终发现从另一个应用程序中获取数据会很有用，同一数据元素很快地开始在整个体系结构的许多地方出现。

随着数据的逐渐扩散，混乱加剧，不仅在许多地方都可以找到相同的数据元素，而且由于时序问题或编码错误，在整个体系结构中此数据元素经常具有不同的值。当没有人知道正确的数据时，那么对管理层来说，就很难做出正确的决策。图 9-4 显示了上述的混乱情况。

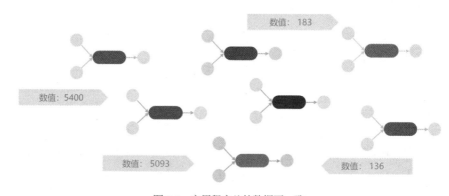

图 9-4　应用程序丛林数据不一致

问题的根源在于构建应用程序的方法不对。构建应用程序仅为了优化信息获取和存储，而忽略了分析数据的要求。此外，该应用程序专注于少量数据，这些数据仅代表企业业务的一小部分，因此该应用程序的应用范围有限。图 9-5 显示了每个应用程序的主干忽略了分析数据的要求。

图 9-5　应用程序的主干忽略了分析数据的要求

尽管每个应用程序可能已经解决了特定的业务问题,但这些应用程序彼此之间无法协调工作。

简而言之,以应用程序为中心的体系结构在数据完整性方面存在重大问题。数据完整性问题像"夜里的小偷"一样潜入组织,没有大声疾呼、没有吹嘘宣布,没人意识到问题的存在。然而,随着以应用程序为中心的体系结构的增长和老化,数据完整性问题才会出现。一个有趣的现象是,试图解决以应用程序为中心的体系结构的问题使大多数组织陷入了困境,多年来,解决问题的方式主要是购买更多技术并雇用更多顾问。

打个比方,假设房屋着火了,你拿一桶液体来扑灭大火,唯一的问题是这个液体不是水,而是汽油。向火上投掷汽油不仅不会扑灭大火,反而会具有相反的效果。同理,购买更多的技术并增加更多的人,只会使以应用程序为中心的体系结构的问题更严重,而不会解决问题,图 9-6 显示了这种现象。

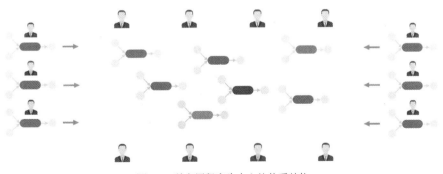

图 9-6　以应用程序为中心的体系结构

因此需要对架构做彻底的改变,数据仓库——这种新型数据库的重点不是信息的获取和存储，而是组织和准备用于分析处理的数据。数据仓库的功能包括集成数据（公司数据）并长时间存储数据，而且数据会以一系列快照的形式映射到数据仓库中。

图 9-7 显示了数据仓库的迁移过程。

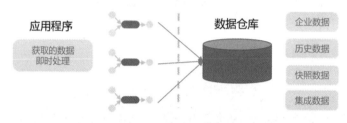

图 9-7　数据仓库的迁移过程

以公司数据为例，假设共有 3 个应用程序。从性别来看，在第一个应用中分别用"M"和"F"表示，在第二个应用中分别用"1"和"0"表示，在第三个应用中分别用"男性"和"女性"表示。将数据放入数据仓库时，数据元素的性别仅有一种表示形式，那么没有以相同方式指定性别的数据仓库应用程序必须进行转换。当有人去阅读和解释数据仓库时，就会有一个性别的单一表示形式。原理比较简单，实际上，当把数据加载到数据仓库中时，实际的数据转换要比这个示例复杂得多。图 9-8 显示了从应用程序环境到集成环境的数据转换。

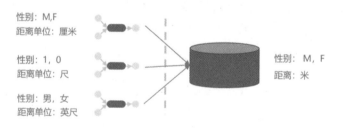

图 9-8　从应用程序环境到集成环境的数据转换

数据仓库的功能是保存大量数据。在单一应用程序中，我们通常希望保持尽可能少的数据量，这是因为大量的冗余数据会降低应用程序的速度。因此，在应用程序中只能找到一个月的数据，这是正常的。然而在数据仓库中，我们通常会找到 5 到 10 年的数据。从及时性的角度来看，数据仓库比应用程序拥有更多的历史记录。

数据仓库和应用程序之间的另一个重要区别是，在应用程序中的数据会经常更新。可以说，在应用程序的数据是"当前这一秒"的数据。一个简单的例子是银行账户余额，银行努力确保你在访问账户余额时，查到的数据是准确的。比如，上午 10:30 你的妻子在 ATM 上对账户进行了操作，那么你在下午 2:00 访问该账户时，这个操作就会反映在该账户中。数据仓库中的数据则完全不同，数据仓库中的数据是一系列快照，你可以查看过去一个月的数据，并通过查看数据仓库来查找你的账户中发生的每一次操作。图 9-9 显示了应用程序数据库和数据仓库之间的区别。

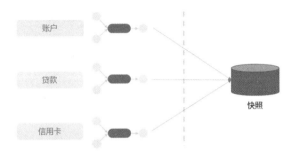

图 9-9　应用程序数据库和数据仓库之间的区别

尽管数据仓库是解决以应用程序为中心的数据完整性问题的体系结构解决方案，但数据仓库仍然存在一些问题。数据仓库的主要问题在于数据仓库的实施需要企业内全范围人员的参与，如图 9-10 所示。许多组织既没有意愿也没有愿景进行的长期数据仓库开发，因此为了成功构建数据仓库，必须由高层管理人员领导整个组织范围内的工作，而获得管理层的长期承诺和支持是一件困难的事情。

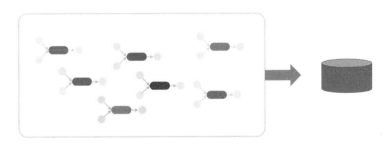

图 9-10　建立数据仓库是企业全范围内的工作

解决该问题的一种"略显妥协"的方法是构建数据集市。数据集市在很多方面与数据仓库非常相似，但最大的不同之处在于，与数据仓库相比，数据集市需要的工作范围要小得多。由于规模小，因此构建数据集市所需的时间更少，构建数据集市不需要企业中所有实体之间的合作与协调。数据集市组织数据，以便能够轻松地分析数据；数据集市仅涉及单个部门，而不涉及整个组织。基于以上原因，开发数据集市所需的工作量要比数据仓库少得多。

数据仓库中数据的基本结构是关系模型，数据集市的基本结构是维度模型。数据集市在小范围内解决了数据完整性的问题，仅从单个部门的角度来看，一两个部门之间的数据完整性问题比整个企业的数据完整性问题要简单得多。图 9-11 显示了小规模的数据集市。

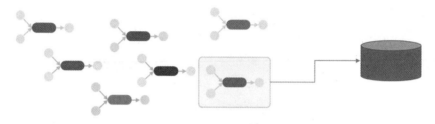

图 9-11　小规模的数据集市

数据集市与数据仓库具有许多共同的特征。比如，二者都包含快照数据，数据仓库包含大量的历史数据，而数据集市仅包含一小部分的历史数据。数据在进入数据仓库之前已在整个企业中集成，从单个应用程序中提取数据时，通常不需要太多数据集成。由于数据仓库的数据是整个企业范围内的，因此数据仓库中通常有大量的数据元素；相比之下，数据集市中的数据元素要少得多，因为它仅代表部门数据。图 9-12 显示了这两种类型的数据结构之间的区别。

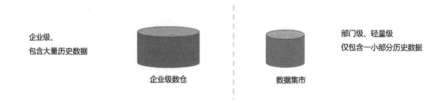

图 9-12　两种类型的数据结构之间的区别

9.3　数据集市的演变

下面通过一个故事来讲解数据集市的演变过程。有一天，企业认识到应用程序是为了抓取和存储数据而设计的，并意识到企业自身需要这些应用程序的数据。那时，企业会考虑开始构建含有一个或多个应用程序的数据集市，如图 9-13 所示。

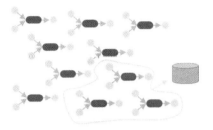

图 9-13 第一个数据集市

第一个数据集市总是最令人兴奋的，数据集市的构建迅速，且成本较低。一旦建成，数据集市就会成为数据分析处理的良好基础。第一个数据集市的成功渐渐传播开来，很快，企业内的其他部门也决定搭建自己的数据集市。这时就会产生一些新的数据集市，如图 9-14 所示。

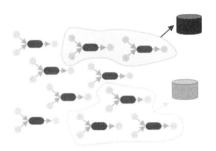

图 9-14 随后建成的一些新的数据集市

随着消息的继续传播，不久之后越来越多的其他部门都决定创建自己的数据集市，这时数据集市几乎随处可见，如图 9-15 所示。

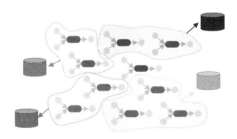

图 9-15 数据集市随处可见

通常，数据集市围绕着单一的部门进行创建，比如市场部、销售部、财务部、人力资源部和工程部等都可以拥有自家数据集市。图 9-16 显示了不同部门的数据集市之间的相似性。

有了自己的数据集市，各部门都很开心，工作也按部就班地展开。然而某一天，一位高管要求每个部门提供下一个季度的现金预算。此时，高管发现每个部门都有自己的一组数据，而在不同部门的数据集市中，同一类数据的值不尽相同，而且对于哪一组数据是正确的这个问题，各部门也无法达成共识，每个部门都认为自己的这组数据是正确的，图 9-17 展示了管理上的困境。

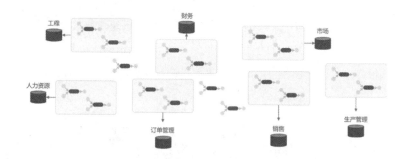

图 9-16   数据集市通常匹配一个部门

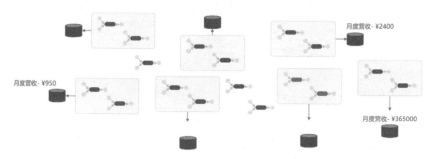

图 9-17   在不同部门的数据集市中，同一类数据的值不尽相同

此时，管理层该如何决定哪个部门的数据是正确的？又如何解决已经形成的混乱局面呢？

使情况更复杂化的是，不仅不同的部门有不同的数据集市，同一部门也有不同的数据集市！当数据集市的需求有所改变，各部门便会构建了一个新的数据集市，而不是对旧的数据集市进行维护和修改。新的数据集市建成，而旧的数据集市没有任何变化，同一套数据原本应该只有一个数据集市，现在却有了两个数据集市。如图 9-18 所示，随着时间的推移，同一部门已经积累了多个数据集市。

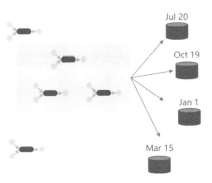

图 9-18 同一部门积累了多个数据集市

当面对不同部门的数据集市和同一部门的多个数据集市冲突时，管理层陷入了该相信谁的困境。创建数据集市的初衷是简单和可信，只要有少量的应用程序，基于数据集市的架构就可以运转。但是，面对大量的应用程序，基于数据集市的架构却陷入了泥潭，如图 9-19 所示。基于大量应用程序的数据集市架构的基本问题是数据的不完整性。

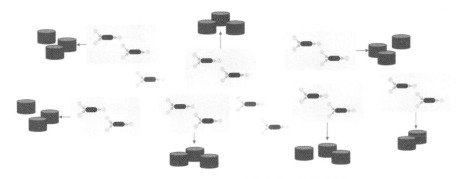

图 9-19 随着时间的推移，数据集市会变得一团糟

图 9-19 中的架构所产生的问题可以分为如下 3 类。

第一类问题是创建和共存的重复数据集市。因为创建了新的数据集市，但从来不删除原有的数据集市，因此产生了重复数据集市。

第二类问题是 Orphan 数据集市的产生。Orphan 数据集市是指其应用程序与其他任何应用程序都不相连或不相关的数据集市。Orphan 数据集市是用完全无关联的应用程序创建的，它的数据与组织内的其他数据不相连或者无关。

第三类问题是 Bastard 数据集市。Bastard 数据集市与另一个数据集市有类型相同的数据，但呈现给用户的数据值却不同。比如在图 9-17 中，其中一个数据集市的月度营收是 2400 元，而另一个数据集市的月度营收是 950 元。Bastard 数据集市提供的是同样的数据，但数据值却相差甚远。

9.4　集成数据集市的方法

在面对大型应用程序时，基于数据集市和应用程序的体系结构（以应用程序为中心的体系结构）显然存在重大问题——在体系结构中缺乏数据的完整性。

在应用程序中的数据缺乏完整性，所以在这些应用程序上构建数据集市时，数据的完整性问题也仍然存在。从某种程度上来说，在应用程序上构建数据集市就像在沙滩上建造摩天大楼，一场飓风便会将摩天大楼摧毁，随之而来的是巨大的痛苦和折磨。

幸运的是，还有另一种选择，这种替代方法可以被称为"集成数据集市"。集成数据集市方法与以应用程序为中心构建数据集市的方法有许多相似之处，但有一个主要的区别：在集成数据集市方法中，数据集市的数据源是一个数据仓库。集成数据集市方法如图 9-20 所示。

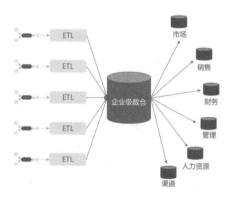

图 9-20　集成数据集市方法

在集成数据集市方法中，不同的应用程序为数据仓库提供数据，通过 ETL 技术对应用程序中的数据进行提取和加工，把应用程序数据集转换成企业级数仓形式。当数据进入数据仓库时，数据是企业级数据，而不是应用程序数据。

从终端用户的角度来看，来自应用程序的数据集市与来自数据仓库的数据集市看起来完全一样。唯一的区别在于，来自数据仓库的数据是可信的企业级数据，而来自应用程序的数据是未集成的应用程序数据。

来自数据仓库的数据集市被称为从属数据集市，来自应用程序的数据集市被称为独立数据集市。数据仓库与数据集市的建模基础有着显著差异，如图 9-21 所示，数据仓库是建立在关系模型上的，而数据集市环境是基于维度模型的。

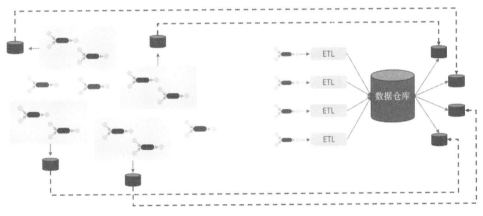

图 9-21　数据仓库与数据集市的建模基础

在数据仓库上构建数据集市时，最明显的好处是数据集市中的数据是完整的。

第二个好处是能够解决数据不一致的问题。在从数据仓库中获取数据时，可能会发生这种现象，表面上相同的数据在两个数据集市却有不同的值。可能的原因有两种，一种是数据集市中的计算错误，另一种是从数据仓库中错误地选择了数据。在这两种情况下，将此数据与对应的应用程序中的数据进行比较，即可确定在数据集市中获取的数据为何有差异，如图 9-22 所示。当数据集市从应用程序环境中获取数据时，数据不一致的问题会更复杂，甚至有时根本无法解决。

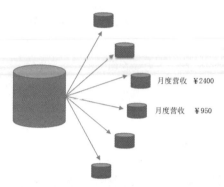

月度营收　¥2400

月度营收　¥950

图 9-22　在数据集市中获取的数据存在差异

第三个好处是可扩展性。一旦数据仓库构建完成后，继续构建新的数据集市会变得非常容易。对于在数据仓库上构建的前几个数据集市而言，情况并非如此。实际上，构建和填充数据仓库需要做大量的工作，根本不是一件容易的事。但在构建数据仓库，以及启动并运行了最初的几个数据集市之后，构建新的数据集市就会变得很容易。

尽管集成数据集市非常具有吸引力，但构建集成数据集市环境是一个长期的过程。一旦你构建了以数据仓库为中心的集成数据集市环境，就无须构建其数据源在数据仓库之外的独立数据集市。可以说，建立一个独立数据集市是实现数据完整性的第一步。

9.5　向集成数据集市变革

一般情况下，企业不会突然决定建立集成数据集市，普遍的情况是从孤立数据集市逐步向集成数据集市发展。随着时间的推移，不同的企业会以不同的速度发生变化，但是在发展的过程中，步骤却非常相似。

演化过程中典型的第一步是创建第一个孤立数据集市。数据集市的构建成本低、速度快，构建过程相对容易，所以在一个组织中，通常是由一个部门建立一个数据集市。演进过程中典型的第二步是创建第二个数据集市。关于第一个数据集市成功的消息传遍了整个组织后，不久另一个部门（或一群人）便也会希望建立自己的数据集市。渐渐地，整个组织开始出现多个数据集市。整个过程如图 9-13~图 9-15 所示。

规模较小的组织可能只拥有几个应用程序，应用程序不多，因此不太可能出现或者根本不可能出现数据混乱的问题。对于规模非常小的组织，单个数据集市就可以满足其所有分析需求，因此可能永远不会向集成数据集市演进。然而对于那些拥有许多应用程序的公司来说，向集成数据集市演进的过程仍在继续。

一切似乎都令人满意，并且井井有条，直到一天，一位高级经理发现不同的数据集市并没有"和谐共处"，不同的数据集市似乎是在截然不同的数据中运行的，类似图 9-17 中的情况。在一些组织中，这种差异会加剧。也许一个数据集市预示着公司即将破产，一个数据集市预示着公司下个月可以上市，一个数据集市显示来自对手的竞争异常激烈，还有一个数据集市希望公司被大公司收购。总而言之，数据集市背后的每个组织对公司的看法都不同。一旦管理层选择相信他们想相信的人，那么数据有效性问题成为一个企业的政治问题。

当数据不再被用于做决策时，管理层随时可能做出一些非常糟糕的决定，企业将面临真正的危险。因此，对于企业来说，获取真实数据并正确处理这些数据是非常关键的。

企业一旦收集了真实数据，就需要理解数据并基于数据做出更好的决策。建立更多的数据集市，堆积更多的数据，雇佣更多的顾问并不能解决问题。我们需要的是架构上的改变，在这一点上，企业面临着一个现实，即企业所需要的是单一版本的真实、可信的数据。当企业最终接受这一现实时，构建数据仓库的过程就开始了。

构建数据仓库是一个长期的过程，因为有太多的数据需要修正，应用程序大多代表之前的数据，对现阶段意义不大，也许还会有很多人执着于他们原有的数据集市，而不管数据集市中有没有正确的数据供决策使用。

图 9-23 显示了迁移到集成数据集市的第一步，数据仓库逐渐形成。

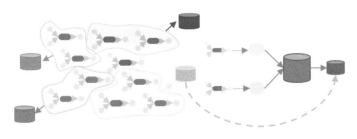

图 9-23　迁移到集成数据集市的第一步

随着时间的推移，越来越多的企业数据开始收集到数据仓库中，越来越多的终端用户被吸引到数据仓库中。在某个时刻达到了一个临界点，企业开始使用在数据仓库中找到的企业数据作为已构建的数据集市的基础。如图 9-24 所示，许多数据集市开始向数据仓库迁移，集成数据集市开始加速发展。

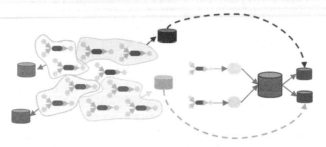

图 9-24　集成数据集市的加速发展

上述迁移是一个渐进的过程，需要 6 个月~6 年的时间，不同的企业有不同的速度。经过一段时间后，企业最终只剩下了集成数据集市，如图 9-25 所示。

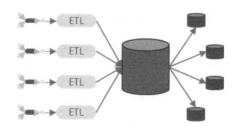

图 9-25　只有集成数据集市

综上所述，企业迁移到集成数据集市的一般步骤如图 9-26 所示。

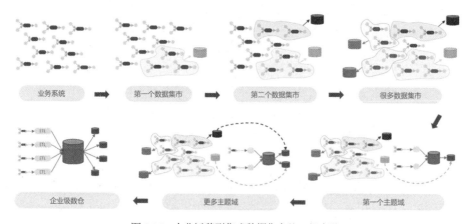

图 9-26　企业迁移到集成数据集市的一般步骤

9.6 统一星型模型

我们了解到集成数据集市是现代企业中常见的解决方案,但企业建设了越来越多的数据集市后，极易引发混乱。要想解决这个问题,可以使用统一星型模型。

9.6.1 统一星型模型的组成

如 9.1 节所述,统一星型模型是一个以"桥接表"为中心的星型模型。

在传统的维度建模中，每个星型模型（或雪花模型）每次会以单个事实表为中心。假设我们有 6 个事实表，那么就需要创建至少 6 个星型模型。在某些情况下，我们会以不同的方式在不同的粒度上使用相同的事实表，因此商业智能项目通常会有大量的星型模型（或雪花模型）。然而，通过"桥接"的方式，无论有多少不同粒度的事实表和维度表，都只需要一个星型模型即可解决业务需求。

在下面的章节里，我们会经常使用"事实表"和"维度表"这两个术语，但在构建统一星型模型时，暂且不对它们做区分，唯一的区别是表中是否包含"度量"。

不同的文献中对度量有各种各样的定义,这里我们给出一个自己的定义。假设一个商业智能报表中有一个条型图,其中包含 x 轴和 y 轴,度量是那些可以展示在 y 轴上的数值型的数据,通常可以用来计算汇总值或平均值;x 轴上的是维度,通常是一些包含文本描述、日期或者一些无法进行聚合计算的数值的列。

在传统的维度建模中,度量属于事实表。事实上,度量可以放在任何地方。以 Northwind 为例,在"产品表"中有库存数量和订购数量,因此我们可以说产品表包含度量,但它肯定不是事实表。统一星型模型打破了将度量建在事实表上的做法,所有表在统一星型模型中都是一样的。

统一星型模型方法的终极目标是大幅减少数据转换。在传统的数据建模中,每个数据集市都是为了临时响应特定的业务需求而建立的,而统一星型模型则不必如此,构建一个数据集市就可以作为每个可能的业务需求的基础。

如果业务需求非常复杂,我们可能需要在统一星型模型的基础上构建额外的数据转换和视图。在一般场景中基本不需要做任何数据转换,统一星型模型就是我们随时可用的数据源。

统一星型模型是一个数据集市，位于数据仓库的展示层。传统的数据集市通常由多个星型模型或雪花模型组成，而统一星型模型里只有一个星型模型。

9.6.2 统一星型模型的设计过程

在创建统一星型模型时，我们不需要按照经典的概念模型、逻辑模型、物理模型的方式去做。统一星型模型完全基于数据构建，并不依赖业务需求。

在数据仓库设计的过程中，业务需求起着重要的作用，因为它定义了项目的"范围"。一个企业可能会有成千上万个数据表，但其中只有一小部分需要被加载到数据仓库中。数据仓库的"核心层"包含了"范围"内的所有数据，我们称其为"原始数据"，它们还无法被最终用户使用。在"表示层"中，数据集市会实现用户希望在最终报表和仪表盘中看到的数据细节。

统一星型模型在这种模式的基础上做了一些改变：数据仓库中的表示层和核心层一样，也是无偏见的（unbiased），它随时可以被最终用户使用，但完全独立于业务需求。业务需求被推到数据仓库之外由 BI 工具来实现，因为那里才是解决业务需求的地方，原因如下。

- BI 工具非常强大，其函数库比 SQL 更丰富且更智能。

- BI 工具更易于使用，大多数有图形化界面，没有数据专业知识的最终用户用起来也很容易上手。

- 关键绩效指标（Key Performance Indicator，KPI）中往往包含需要在 BI 工具中完成的数值比率计算，比率数据在数据集市中无法进行"累加"。下面对此做详细阐述。

假如我们现在需要实现一个 KPI，以百分比计算销售额与目标的比值。如果在数据集市中逐行计算这个比值，则无法进行聚合计算，因为比值累加是无意义的。相反，如果在 BI 工具中计算，会先对所有的值累加，再进行比值计算。BI 工具中的 KPI 计算是按照正确的顺序来执行这些步骤的。

把业务需求放到 BI 工具中实现，听起来好像是"推迟问题"，其实不然。在实际场景中，业务需求有的在数据集市中实现，也有的在 BI 工具中实现，"这里一些，那里一些"不是一个好的解决方式。将整个业务逻辑转到 BI 工具中，会使维护变得更容易，因为只需要维护一处而不是两处。

然而，每个项目都有其自身的特点，最终需要数据架构师根据一系列特定的需求和挑战来做决策。在某些时候，因为性能或者数据复用性的需求，可能需要在数据仓库中实现部分业务逻辑。我们的建议是，除非有更好的理由，否则尽量把业务需求放在 BI 工具里去实现。

构建一个数据集市作为每个可能的业务需求的基础，其实并不简单，接下来我们会揭秘统一星型模型如何达到这一效果。

9.6.3　建模方法

只要数据源是二维表的形式，比如数据库表、Excel 文件和 CSV 文件，我们就可以对其使用统一星型模型。

对于非表格形式的数据，只要它可以转换成二维表，那么也可以用统一星型模型来构建，比如 XML 文件、JSON 文件、Avro 格式（一种 Hadoop 大数据的数据格式）、Parquet 数据存储，或者其他能转换为表格形式的数据。这使得统一星型模型非常易于与云技术和 API 进行集成。

统一星型模型方法的指导原则是，两个表之间永远不直接互相连接，而总是通过"桥接"的方式来连接。

图 9-27 展示了传统方法和统一星型模型方法的主要区别。在统一星型模型中，Sales 表和 Products 表通过桥接表来连接。

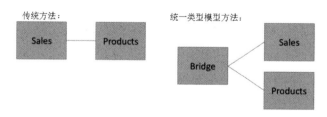

图 9-27　传统方法和统一星型方法的主要区别

下面我们用一个例子来澄清这个概念。注意，后续章节中所有的示例都只有较少的几行数据，不需要百万行的数据，10~15 行的数据足矣。如图 9-28 所示，为 Salses 表和 Products 表。

Sales:

SalesID	Date	Client	Product	Quantity	Amount
1	01-Jan	Bill	PR01	1	100
2	02-Jan	Bill	PR02	1	70
3	02-Jan	Francesco	PR02	2	140
4	03-Jan	Francesco	PR03	1	300

Products:

ProductID	ProductName	UnitPrice
PR01	Hard Disk Drive	100
PR02	Keyboard	70
PR03	Tablet	300
PR04	Laptop	400

图 9-28　Salses 表和 Products 表

这两张表通过产品 ID 连接，在 Sales 表中，产品 ID 是"Product"列；在 Products 表中，产品 ID 是"ProductID"列。图 9-29 使用传统方法展示了 SQL 查询语句。

```
SELECT
S.Date
S.Client
P.ProductID
P.ProductName
S.Quantity
P.UnitPrice
S.Amount
FROM Sales S
LEFT JOIN Products P ON S.Product = P.ProductID
```

图 9-29　使用传统方法的 SQL 查询语句

创建一个 SQL 查询通常要读取多个表。在传统方法中，我们需要确认哪个表为主表（本例中，Sales 表是主表），然后一个一个地增加其他需要查询的表。在传统方法的 SQL 查询中，我们选择表的顺序和产生的结果有很大的关系——选择不同的主表或者变化两表的顺序都会产生不同的结果。图 9-30 是这个 SQL 查询后得到的结果。

Date	Client	ProductID	ProductName	Quantity	UnitPrice	Amount
01-Jan	Bill	PR01	Hard Disk Drive	1	100	100
02-Jan	Bill	PR02	Keyboard	1	70	70
02-Jan	Francesco	PR02	Keyboard	2	70	140
03-Jan	Francesco	PR03	Tablet	1	300	300

图 9-30　使用传统方法的 SQL 查询结果

下面介绍一个简单的桥接表的例子，如图 9-31 所示，桥接表是一张仅包含 ID 的表，这是一个简化的版本。

SalesID	ProductID
1	PR01
2	PR02
3	PR02
4	PR03

图 9-31　简单的桥接表

使用统一星型模型方法的 SQL 查询总是以桥接表作为主表，与其他表以"LEFT JOIN"的方式进行连接，如图 9-32 所示。在使用统一星型模型方法时，与其他表连接的先后顺序不会影响最终的查询结果。

```
SELECT
S.Date
S.Client
P.ProductID
P.ProductName
S.Quantity
P.UnitPrice
S.Amount
FROM Bridge B
LEFT JOIN Sales S ON B.SalesID = S.SalesID
LEFT JOIN Products P ON B.ProductID = P.ProductID
```

图 9-32　使用统一星型模型方法的 SQL 查询语句

统一星型模型方法要求每张表都有一个"唯一标识"字段：一个用来唯一标识表中每一行的列。当唯一标识需要由多列构成时，推荐将它们拼接（concatenate）或者 hash 成一个单列字段。这个唯一标识用来连接普通表和桥接表。如果这样的唯一标识不存在，那么可以创建"代理键"—— 一个没有业务意义的由系统生成的唯一标识。

在本书中，我们使用术语"主键"（Primary Key，PK）来表示一张表的唯一标识。在一张表里可能有多个唯一标识字段，但只能有一个可以被选为"主键"。

术语"主键"可能会带来一些混淆，因为在关系数据库中，"主键"有"强制型主键"的特定意义——主键违反唯一约束时会抛出异常。但这不是本书中要表达的含义，本书中的主键只是仅表示表中的唯一标识，在其他的书中可能叫"业务键"或"自然键"。

同理，在本书中，用术语"外键"（Foreign Key，FK）来表示一个字段引用了其他表中的主键。这个术语同样可能带来混淆，因为关系数据库中，术语"外键"有"强制性外键"的特定意义——如果特定值未被引用，则抛出异常。本书中外键仅用来表示一个列引用到其他某个表的主键。

在图 9-28 中，我们举了 Sales 表和 Products 表的例子，"ProductID"列是 Products 表的主键，在 Sales 表中的"Product"列是引用表 Products 的外键。

在了解了主键和外键后，是时候给出桥接表的初步定义了：桥接表是一张包含了所有表中的主键和外键的表。

9.6.4　有向数据模型

数据库中的表需要互相连接，连接始终是"有方向的"：一张表指向另一张表，反过来则不行。因此，在图 9-33 中，我们用箭头来表示方向，Sales 表连向 Products 表，但 Products 表不能连向 Sales 表。

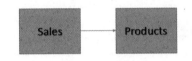

图 9-33　有向连接

"有向连接"（Oriented Connection）是统一星型模型方法的基础概念，在这个概念的基础上引入新的概念——有向数据模型（Oriented Data Model，ODM），它是绘制数据模型的图形规范。基于 ODM 的约定，我们给出"扇形陷阱"和"深坑陷阱"的直接和简化的定义。这些陷阱会产生重复数据，带来很多问题，在商业智能项目中经常碰到这两类问题。基于简化定义，我们可以很容易地发现或者避免这两类问题。

我们使用野生动物进行类比，以便更好地了解有向连接的概念。把数据库中的表比作猎食者和猎物，比如狮子和羚羊，如图 9-34 所示。Sales 表中有一个外键引用 Products 表中的主键，通过这个键，Sales 表"掠夺"了 Products 表中的一些信息。因此，我们可以把 Sales 表当作猎食者，Products 表当作猎物。Sales 表是狮子，Products 表是羚羊，通常说"Sales 表连向 Products 表"，就像狮子猎吃羚羊一样。

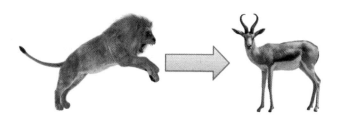

图 9-34　类比 Sales 表连向 Products 表

两个表之间的连接总是有方向的，由一个表连向另一个表，但不能反向连接，就像羚羊永远不会猎吃狮子。同理，Products 表永远不会有一个外键连向 Sales 表。

上面第一个例子比较简单，它只处理了两个对象，并且很容易判断谁是猎食者，谁是猎物，但现实世界往往要复杂得多。食物链虽然名字中带"链"，但根本不是一个链，实际上是一个错综复杂的关系网。有时多个猎食者会猎吃相同的猎物，比如狮子会猎吃羚羊，猎豹同样会猎吃羚羊，狮子还会猎吃猎豹，如图 9-35 所示。

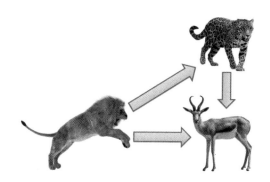

图 9-35　复杂的食物链

数据库中的表之间的关系比野生动物的食物链更复杂。传统的维度建模是基于简单的假设，即事实表连向维度表；在雪花模型中，维度表连向同一层次中其他的维度表，这两种情况只是实际情况的一部分。有时存在一个事实表指向另一个事实表；有时一个维度表指向不在同一个层次的维度表；有时多个事实表在不同粒度上指向同一个维度表；有时很难区分一个表是事实表还是维度表；有时表之间形成一个闭环，被称为"循环依赖"或者"环"；有时需要从多个表中查询信息，又发现无法简单地将它们连接起来；有时两个表之间互相指向对方；有时一个表指向自己……类似的场景不胜枚举。

我们需要一个数据结构来轻松解决这些场景，这些场景都可以采用统一数据模型。

第三篇

数据模型
落地篇

10

数据模型管控

10.1 背景介绍

之前的章节主要介绍了各类模型的设计思路和方法，本章内容侧重于如何管控模型。在一个组织或企业内，通常涉及多个部门和团队协同合作设计模型，模型设计的质量决定了其最后落地到数据库的架构设计合理性和数据质量水平，在此过程中，需要统筹考虑模型设计之后的评审工作，以及发布上线后如何监控生产数据库。

10.1.1 数据管理的痛点

一般来说，数据管理的痛点主要体现在以下方面。

（1）数据定义缺失：在项目发布过程中，虽然对数据项的含义和业务内容有要求，但是没有很好的统一管理和考核方式，导致数据无法被理解，直接影响数据的使用。

（2）数据未按照标准和规范设计：未按标准的词库命名的数据，会导致同名不同义、同义不同名等问题。未按标准的枚举代码和规范设计的数据，会直接导致数据之间无法拉通、统计口径不一、数据不符合业务要求等严重的数据质量问题。

（3）数据业务关系缺失：没有完善的文档来管理数据的业务关系，信息被存储在不同的物理表里，会导致在根据业务对象取信息时，无法将信息连通在一起。

（4）业务主题定义需要统一管理：对于已经开展了对数据业务主题的建模并在集市层对数据分析提供服务，可以承载业务主题的平台，按业务主题建设数据模型，因此模型承载着业务和数据信息，能够更好地支撑数据取数和敏捷分析的场景及为业务分析人员提供服务。

（5）元数据文档无法保证与生产库一致：缺乏对数据模型文档与数据库一致性的监控和管理，造成模型文档过于老旧，甚至缺失的问题。这会对数据仓库建设造成很大的影响，因此需要合适的机制和工具来保证数据模型的质量。

（6）元数据管理工具不统一：使用的模型工具种类较多，如 PowerDesigner、Erwin、Excel、Word 等，造成模型查阅不便、无法体现数据间关系等问题，存在潜在风险。

（7）数据基础建模水平有待加强：数据管理与应用的关键是对数据的业务建模，而目前从业务系统数据到数据仓库数据，再到数据集市应用的数据，数据人员对建模的认识及建模水平不足，因此有必要通过统一的培训和"传帮带"的模式来培养一批建模专家，在企业内部形成数据建模文化，提高内部人员对数据和业务的建模应用水平。

（8）数据管理的抓手不足：数据治理是提高整个企业数据质量的重要管理工作，需要企业中有更多的人参与其中，形成共治、共享的生态型治理氛围。一个统一的模型工具可以让开发团队、数据仓库团队用一种工具设计和共享数据知识，形成数据生产一体化和规范化的流水线，使数据标准和规范顺利落地，传递数据知识，提高企业数据创新的能力和效率。

10.1.2　模型管控的价值

模型管控的价值主要体现在以下方面。

首先，模型设计环节属于软件工程中的设计阶段，这个阶段的工作至关重要，数据模型设计的合理性和准确性决定了后续数据生产环节数据的准确性和一致性，所以在设计源头上进行模型管控可以达到事半功倍的效果。

其次，数据模型是企业内部重要的数据资产，是打通业务与技术实现的桥梁。基于概要模型，我们可以从宏观角度了解业务主题划分及其之间的关联关系；基于逻辑模型，我们可以进一步了解各业务板块中更细化的业务实体和属性，以及业务实体之间的关系；物理模型则是站在技术实现的角度，作为更标准化的约束和可落地的 SQL 语句的来源。因此在企业中，数据模型经过不断的积累和完善，可以形成企业级的基准库，便于内部成员理解各系统的业务逻辑，打通各系统的关联关系。通过完善的模型管控机制将宝贵的模型类资产积累起来，不仅可以提升建模人员的设计水平，还可以为企业级数据架构提供有效的支撑，利用不断精进和完善的数据模型来助力企业的数字化转型。

最后，模型管控机制可以有效提高数据质量，通过在组织架构、流程制度中使用管控工具，使数据库设计模型在设计、生产、分析环节发挥重要的价值。

10.2　数据模型管控的思路

数据模型管控的思路是采用集中管理模型的方式，统一管理企业的元数据模型，将企业级的数据标准通过数据模型来落地，并将数据标准应用到开发、测试、生产等各个环节。在事前的模型设计、标准落地及审批发布过程中严格把好源头质量关，并通过模型基线的管理，实现数据的全生命周期的数据管理方案。

对于保证模型设计的质量，主要从事前进行管控，体现在两个方面，分别是对数据模型设计过程的把控和对数据模型设计的评审。

10.2.1　数据模型规范化设计

数据模型设计的过程涉及多个团队，为了保证数据模型设计的一致性和准确性，建议企业根据自身情况制定数据标准体系。数据标准体系涵盖了企业内部需要遵循的统一数据原则，通常包括定义数据标准的概要信息、业务信息、管理信息和技术信息。数据标准体系的颗粒度应该细化到数据字典层面，这样能支持数据模型的设计。在设计环节，推荐数据模型设计人员优先选用数据标准体系的内容来构建数据模型。此外，企业级的参考数据又叫作标准代码，词根库又称命名词典，也用来支持数据模型设计的规范性和统一性。

10.2.2   数据模型评审

数据模型设计的评审环节是在设计人员完成数据库设计模型后,通过自检和模型评审流程对模型检查清单进行评审,建议检查清单包含如下内容。

基于设计与需求的一致性进行检查,数据库设计是否满足需求所要求的功能和性能,此处义包括新建功能和已有功能迭代更新两种场景。

新建功能侧重于检查模型设计中数据标准的引用,数据标准的落标率是一个重要的评价指标;迭代功能则侧重于基于上一版本与最新版本中模型设计的变更情况与需求做匹配检查,避免需要与设计之间有偏差。

确保需求的内容在设计环节被准确覆盖,主要根据数据模型的以下情况进行评判。

- 模型设计中标准的应用情况:建议重点考察业务相关重要属性的落标率。

- 模型设计中数据规范情况:建议从业务架构层面考察同一业务对象中信息是否充足及跨系统的命名是否一致。

- 模型设计的版本管理:在上线迭代创建新的模型版本时,可以通过历史版本的记录查看每个版本的变更情况,基于变更的数据查找受影响的下游各个系统,主动变更影响通知。

模型通过审批后即可发布上线到生产环境,将模型作为基线模型,与生产环境的数据库周期进行比对,完成事后校验,通过检测两者的差异并自动触发邮件通知,便于工作人员及时发现并跟踪问题,确保设计环节与生产环节的一致性。

10.2.3   数据模型中心

利用数据模型中心,可以在整个组织中存储并重复使用模型资产。利用该数据模型中心及其相关的冲突合并和版本控制功能,建模团队可以协作建模,创建能够重复使用的通用对象,提高数据质量和数据库设计的一致性,如图 10-1 所示。

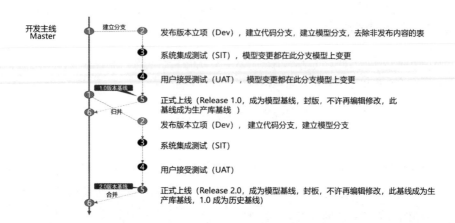

图 10-1   数据模型中心及其分支管理

10.3   组织架构

有了数据模型管控的思路，并明确了管控需要关注的内容，接下来我们需要讨论由什么人员来负责及按照什么样的流程来执行管控工作，这样才可以确保模型管控的机制落实到具体的人和事上。组织架构如图 10-2 所示。

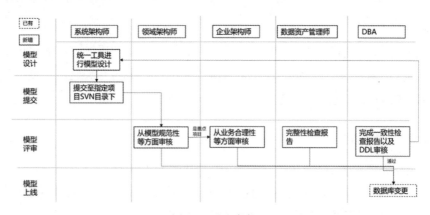

图 10-2   组织架构

从数据模型设计到提交、评审、上线，涉及两个状态的切换，分别是数据库的开发态和生产态。

开发态主要是指业务系统的数据库设计、数据仓库的主题域划分构建、企业级数据架构规划设计，不同类型的模型分别由不同的团队来负责建设。

生产态是指开发态的数据模型在历经设计、提交、评审环节后，最终通过数据库操作脚本发布到生产环境的数据库中。因此，生产态与开发态是一一对应的，数据模型在开发态和生产态的一致性是衡量数据管理能力的重要指标。

业务系统的数据库设计模型由系统建设的设计团队负责，包括专职或兼职的开发数据库的人员。明确源头负责人后即可设计对应的管控流程。首先先由团队内部的系统架构师进行内部审核，审核通过后，由系统架构师将模型整合生成相应的版本，并触发更高一级的模型评审流程。综合评审工作通常由组织内部的专业模型架构团队完成，包含领域架构师、企业架构师、数据资产管理师和 DBA。领域架构师主要考察模型的规范性，比如在该领域内的数据模型的统一命名规范，将客户实体统一命名为 Cust。企业架构师在企业级数据架构的层面对各个业务系统的数据从业务合理性进行评审，侧重于业务定义和规则的一致性，确保各业务系统数据模型设计的一致性，以及各业务系统相互集成时的合理性和准确性。比如针对跨系统的主数据业务定义和规则描述，客户的数据来源统一由 CRM 系统创建、管理和维护，关联系统（如交易系统）只能获取客户的数据，但不允许进行增加、删除和修改的操作。数据资产管理师从数据质量的角度出发，侧重于评审数据资产的全生命周期，考察数据模型的完整性。最后由 DBA 进行发布上线前的一致性校验和数据库脚本审核，通过一致性校验可以确保设计的模型经评审通过发布到生产环境，即设计模型与发布投产环境的 DDL 是一致的。

业务系统数据库设计模型在通过评审并发布上线后，可以转化为基线模型来持续跟踪上线的生产环境数据库。通过比对发现开发态和生产态是否一致，如遇不一致的情况，立即启动预警机制进行跟踪处理。

数据仓库模型的构建通常由企业内部的大数据团队负责，联机分析处理（OLAP）侧重于对数据的查询，大数据团队针对具体的业务驱动或数据分析场景设计数据仓库模型；基于主题域设计的数据仓库模型设计评审团队由各领域业务专家参与，他们负责评审各主题域模型的业务逻辑是否正确，并确认数据源头，数据仓库中的数据在加工和迁移的过程中，数据模型能记录数据加工过程和数据流向，为后续跟踪数据质量问题提供依据。

企业级数据架构模型是最复杂、对专业度要求最高的模型类型，企业架构需要对企业级层面业务有深入的了解，设计模式是自上而下的，设计团队由业内建模专家、数据架构师和业务专家组成。由顶层模型出发、逐层细化，是业务在逻辑层面的核心价值输出。企业级架构模型在行业内具有指导性和参考性，模型高度抽象，更具普适性，然而也需要结合企业实际业务域随时调整模型。基于企业级数据架构模型的特性，模型管控思路侧重基于行业的成熟模型来构建更适合企业自身的数据架构模型，以及由架构模型指导规范具体的业务系统数据设计模型和数据仓库模型。与此同时，随着业务的调整，也需要同步调整架构模型设计，以此保证模型的及时性和权威性。

10.4　数据模型管控实战经验

本节通过实际案例来看看如何协调人（组织架构）、事（流程制度）、物（工具平台），完成模型管控。

10.4.1　数据模型管控流程

数据模型管控流程分为 4 个环节，分别是数据标准管理、模型设计、模型评审、生产环境监控，如图 10-3 所示。

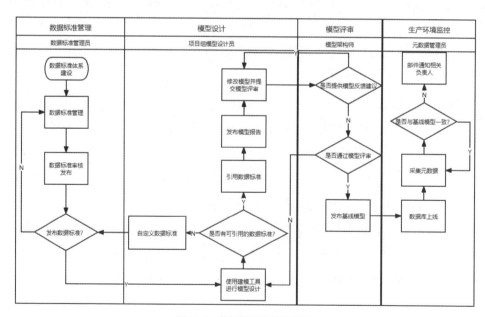

图 10-3　数据模型管控流程图

数据标准管理是设计数据模型的前提和基础,所以在本章将数据标准管理和模型设计合为一节来介绍。

10.4.2 数据模型设计

业务系统的数据模型设计人员和数据仓库模型的设计人员负责设计模型。建议在模型设计环节中尽可能多地引用数据标准,确保模型设计的规范化和标准化,这需要将数据标准与模型设计结合起来,实现数据标准在模型设计中的落地。此外,在模型设计环节中存在数据标准覆盖不全的情况,通过数据建模工具的自定义标准可以补全数据标准,通过这种闭环的方式不断完善数据标准体系。

数据模型设流程节分为下面 4 个步骤,如图 10-4 所示。

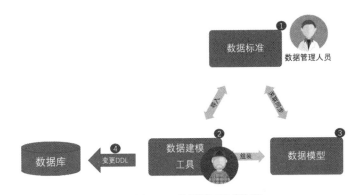

图 10-4 数据模型设计流程

(1)数据管理人员负责数据标准的发布、维护和管理,数据标准体系是组织发布的权威数据标准信息,供所有系统和平台引用。数据标准可以通过接口与数据建模工具打通,发布的数据标准自动同步到数据建模工具,便于在数据建模工具中引用数据标准。

(2)系统建模师借助数据建模工具,根据数据标准来组装数据模型,通过工具平台的支持可以大大提高数据建模的设计效率和规范性。数据模型工具支持系统建模师将模型中的属性根据需求提炼自定义数据标准,将自定义数据标准通过接口上推到数据标准体系中,经过评审发布流程不断补全数据标准体系。

(3)数据模型与数据标准关联同步,数据模型中体现了数据设计与数据标准的映射关系,同时数据标准体系通过平台工具可以体现数据标准落地的数据模型,两者相互关联,数据标准变更的同时会及时发布通知，确保数据模型与数据标准保持同步更新。

（4）数据建模工具设计的模型可以生成变更 DDL 脚本，与数据库相连，数据模型将变更 DDL 脚本推送至测试数据库，进行数据库操作脚本验证，实现从数据模型设计到数据库实现的验证过程。

在模型设计的环节中，侧重于补全数据标准，数据模型优先按照数据标准进行设计，对于还没有可用的数据标准但又有数据标准需求的情况，由建模人员触发新建数据标准的流程，将该流程与数据标准管理流程打通。这种管控流程可以对数据模型中数据标准的落地情况及参与人员对数据标准的贡献程度进行考核。模型设计环节支持用户根据需求补全数据标准，创建自定义的数据标准，并提交数据标准委员会评审，数据标准被评审、修正发布为企业级数据标准后，供组织内部共用，整个过程如图 10-5 所示。

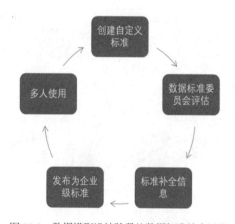

图 10-5　数据模型设计阶段的数据标准补全过程

工具的价值在于支持模型设计人员更方便地运用数据标准组装模型，将数据标准与数据建模工具相结合，通过拖、拉、拽的方式设计模型，同时支持用户输入关键字自动推荐数据标准，提高模型设计的标准化程度，使整个模型设计过程更加方便快捷。在解决了模型设计规范化的问题后，数据标准的补全也可以通过数据建模工具与数据标准的集成来完成，这样"下拉上推"即可实现从维护数据标准到使用数据标准的闭环管理。如图 10-6 和图 10-7 所示，分别是自动联想数据标准落标和拖曳方式落标。

图 10-6　自动联想数据标准落标

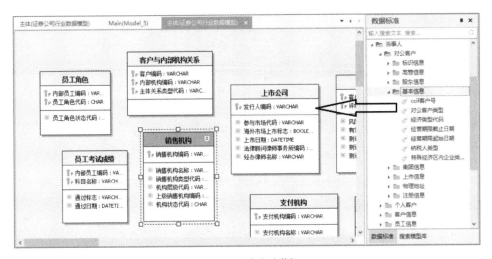

图 10-7　拖曳方式落标

将数据模型的设计与数据标准的应用相结合,有 3 个好处。一是在工具中可以直观地看到企业数据标准,并自动更新;二是可以直接通过拖、拉、拽的方式引用数据标准,实现数据标准的落地,管控数据模型的标准化;三是设计人员可以在线上提交自定义数据标准,由后台进行统一审核,实现数据标准发布、应用、对标的全线上流程管理环路。

总结一下，在数据模型设计环节，一款好的数据建模工具应具备以下四大核心功能。

（1）数据建模工具支持同步数据体系工具最新发布的公共数据标准，系统建模师可以通过拖、拉、拽的方式直接将公共数据标准应用到数据模型中，也可以通过多选数据标准来组装数据模型。

（2）系统建模师可以根据实际需求自定义数据标准，在定义过程中可以重复使用标准的属性（命名标准、业务规则、数据类型标准及公共标准的属性），通过数据建模工具直接发布到数据标准体系中，补全标准库。

（3）数据建模工具支持同步数据标准体系的术语字典，并支持依据数据词典对模型中的字段/属性进行中英文翻译。数据建模工具的翻译功能支持将当前表或字段的中文名称自动生成英文名称，自动翻译可以应用到当前模型的所有表或字段中。

（4）数据建模工具可通过用户配置文件和安全设置（包括通过轻量目录访问协议进行的身份验证）来管理数据模型资产，支持企业级多人协作建模，通过数据模型中心签入、签出模型。企业级模型资产经过积累和完善也可以进一步指导数据模型设计，形成一个不断优化和提升的模型知识闭环。

10.4.3　数据模型评审

数据模型评审涉及团队内部评审、发布上线前的正式评审等环节。内部评审的形式可以是线下的；发布上线前的评审涉及多个部门的流程审批，更适合线上的方式。

评审流程可以依据模型设计的检查清单来进行，评审通过后即可进入发布上线的环节，发布上线时可以使用审核通过模型的 DDL 脚本。而对于评审未通过的模型，可以针对其中存在的问题给出反馈建议并返回数据模型设计环节。

数据模型评审流程包含下面 3 个步骤，如图 10-8 所示。

（1）开发人员或模型设计人员将开发阶段设计的数据模型发布到数据模型中心，数据模型进入评审阶段。在评审阶段，开发人员可以先依据数据建模工具自动生成的模型评审报告进行自检，自检通过后，开发人员提交数据模型的审批申请，触发模型评审流程。

（2）在模型评审环节，首先由标准架构组进行评审，评审的重点是数据模型中数据标准的落地情况及模型是否符合企业级架构的设计规范。标准评审专家从数据模型字段与数据标准映射的情况查看重点业务属性的字段是否落标,以及数据模型的落标率是否达到评审设置的通过指标。架构评审专家从企业级架构设计的层面,整体评估数据模型设计的合理性、规范性,以及与业务架构设计是否一致。标准评审专家和架构评审专家提供各自的反馈意见并做出评审结果。

- 如果数据模型未通过评审,那么模型评审流程会退回到开发人员。开发人员针对评审专家的反馈意见重新调整模型,改善数据模型中数据标准的引用情况和修正模型中不符合企业级架构规范设计的情况后,发布新的评审报告,重新触发模型评审流程。

- 如果数据模型通过评审,则进入第 3 步。

(3)数据模型通过标准和架构评审环节后,进入核准上线环节。核准上线环节数据模型工具依据数据模型生成 DDL 脚本,DBA 通过上线校验后发布到生产环境,数据模型进入上线阶段。

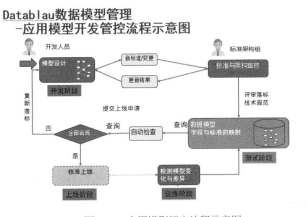

图 10-8 应用模型评审流程示意图

完善的数据建模工具可以支持线上的数据模型评审环节。例如,将模型文件存储到统一的模型服务器中,方便组织内部人员查看审阅模型;支持评审流程的配置,按照配置的流程,模型评审环节自动顺序流转,实现无纸化办公和评审留痕;基于模型评审考查点自动生成评审报告,设计人员和评审人员可以对照评审报告逐个排查模型检查项;评审通过的模型版本被封版并形成生产数据库的基线模型,如图 10-9 所示。

图 10-9　模型质量报告

数据建模工具为模型评审提供了依据，主要涵盖以下内容。

（1）依据数据模型设计过程中引用数据标准的情况，数据建模工具自动提供数据模型中数据标准的覆盖率报告，重点检查是否有重要的标准没有被引用和落地，发现落标的潜在问题，并通过数据标准统计分析，快速分析信息系统模型中数据标准的落地情况。如图10-10 所示。

	表名	表中文名	列名	列中文名	数据标准	标准类型	标准代码
1	TEL_NBR	电话号码	RELA_SHIP_PER_CTC_TEL	关联关系人联系电话	关联关系人联系电话	公共	
2	TEL_NBR	电话号码	MBL_NBR	手机号码	手机号码	公共	
3	TEL_NBR	电话号码	URG_CTC_TEL	紧急联系电话	紧急联系电话	公共	
4	TEL_NBR	电话号码	TEL_VLD_IND	电话有效标志	电话有效标志	公共	CD0024
5	TEL_NBR	电话号码	TEL_NBR	电话号码	电话号码	公共	
6	TEL_NBR	电话号码	TEL_TYPE	电话类型	电话类型	公共	CD0023
7	FIN_STATE	财务状况	FAMILY_ANNUAL_INCOME	家庭年收入	家庭年收入	公共	
8	FIN_STATE	财务状况	FAMILY_ANNUAL_INCOM_	家庭年收入币种	家庭年收入币种	公共	CD0031
9	FIN_STATE	财务状况	PER_ANNUAL_INCOME	个人年收入	个人年收入	公共	
10	FIN_STATE	财务状况	PER_ANNUAL_INCOME_	个人年收入币种	个人年收入币种	公共	CD0031
11	CUST_GRD_详情MSG	客户等级评情信息	CUST_VENT_ASSESS_M_	客户风险评级到期日	客户风险评级到期日	公共	
12	CUST_GRD_详情MSG	客户等级评情信息	CUST_VENT_ASSESS_EF_	客户风险评级生效日	客户风险评级生效日	公共	
13	CUST_GRD_详情MSG	客户等级评情信息	CUST_VENT_RAT_DT	客户风险评级日期	客户风险评级日期	公共	

图 10-10　数据标准落标统计分析

（2）根据数据模型中物理名称对应中文定义的情况，数据建模工具自动提供元数据模型的中文充足率报告，列出没有填写中文名称的字段。如图 10-11 所示。

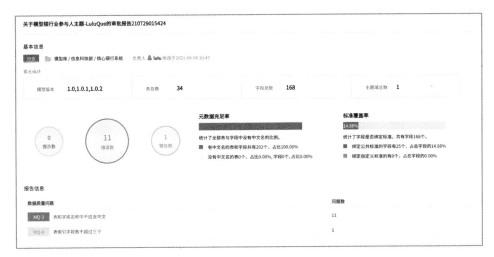

图 10-11　元数据模型的中文充足率报告

（3）依据数据建模工具内置的数据模型质量检查规范对数据模型进行检查，并对检查结果进行统计和展示。数据建模工具还支持用户根据实际需求定制模型的检查规范，并可以依据用户设定的检查规范对数据模型进行检查。建模人员可以启动实时检查或根据需求手动启动检查功能来查看数据建模工具提供的检测报告，及时调整模型，不断提升数据模型质量。

（4）数据建模工具具有对象级的增量版本管理功能，能够记录模型变更的全历史记录。利用每个版本记录的信息，模型评审专家可以详细了解模型迭代设计的过程，以及当前版本重点变化的内容，并将变更信息细化到谁在什么时间对模型的哪个版本做的增加、修改、删除操作，如图 10-12 所示。

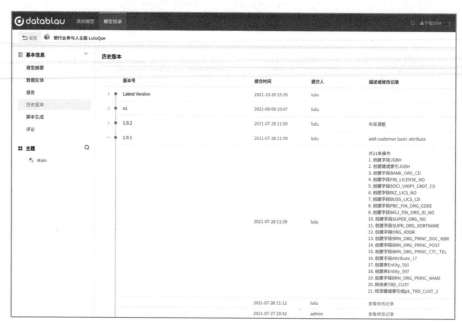

图 10-12　模型变更的全历史记录

10.4.4　生产环境监控

发布上线的数据库会进入运维阶段,这个环节的管控任务主要是确保设计环节最终评审通过后发布的数据模型与生产环节投产的数据库 DDL 脚本一致，避免在生产环节中的随意修改对数据有血缘链路的上下游系统产生不可控的影响。

解决开发态和生产态不一致问题最有效的手段是打通数据模型设计、评审环节与数据库脚本发布上线和投产环节,整个过程利用线上化流水线方式,工具平台可以支持去手工化的方式来约束从数据设计到生产环节的规范性和可控性,实现通过更少的人工介入及更规范化的方式来生产数据。

10.4.2 节和 10.4.3 节介绍了数据模型设计和评审的环节,本节的重点是打通数据模型中心与元数据平台,将最终通过评审上线的数据模型作为基线模型,与发布上线的生产环境数据库元数据进行比对，检测数据库上线后是否存在生产数据库私自修改数据的问题,确保数据模型在开发态和生产态的一致性。

数据模型生产环境监控环节包含如下两个步骤。

（1）在数据模型发布上线前，通过建模工具的自动差异发现功能，可以快速定位本次最新上线版本的模型和上一版本基线模型的差异。基于数据建模工具的数据血缘分析功能，数据建模工具自动分析差异模型影响范围的接口、系统等，主动将变更明细通知相关方，及时进行适应性调整，避免下游系统的"被动排雷式"升级，化被动为主动，提升数据变更对上下游影响的协同效率。

（2）在数据模型发布上线后，监测设计态与运行态模型一致性的过程大致为：模型库服务器集中管理数据模型中心的基线模型和采集生产环境业务系统数据库的元数据库表结构，对生产库元数据与模型库的基线模型建立映射关系，利用模型的自动比较引擎功能，将模型库中设计态模型与生产库元数据中的运行态模型进行比对，获取模型差异，及时发现"模型两张皮"的情况，并通知相关方处理"两态模型"不一致的问题。基线模型与生产库元数据比对如图 10-13 所示。

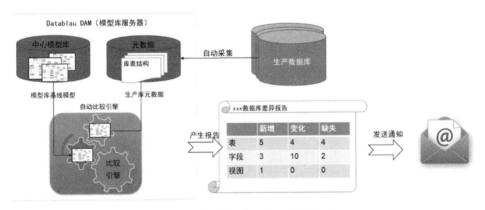

图 10-13　基线模型与生产库元数据比对

数据模型管控的重点在于，组织架构明确了参与模型评审的人员和职责，结合模型设计评审的流程规范，基于数据建模工具实现数据模型的规范化设计，为数据标准的落地提供支撑；基于数据模型服务器实现数据模型设计的多人协作，以及数据模型设计成果的在线化浏览和评审管理；通过数据模型服务器的周期调度检查任务支撑设计态及运行态模型匹配监测，实现数据模型从设计到生产的全过程在线管理。

11

数据架构与数据治理

数据架构建设与开发是数据管理活动中非常重要的一个环节。数据架构的建设目标关系着数据治理的成果，比如数据质量、元数据质量等。因此，数据模型建设与开发与元数据管理、数据标准管理、数据质量管理、参考数据及主数据管理等数据治理活动都有着十分密切的关系。本章主要介绍元数据与数据模型之间的关系。

11.1　企业架构与数据架构

数据治理落地的根本在于整合信息架构和数据治理的基本要素。通过组织角色和流程将架构师设计的上层概念变成基层人员可以理解的基础属性，将标准化的工具贯彻下去，从而解决上下脱节的根本问题，让企业架构在数据治理中起到业务、组织和数据的双重"罗盘"的作用。

在信息架构的落地过程中，关键在于数据架构，重点是从数据资产的角度形成数据资产目录、数据标准、数据模型和数据分布，将落地过程分解为一些普通工作者可以理解和执行的操作步骤和工作方法，才能推行起来。

（1）数据资产目录：业务视角的数据分层结构。如图 11-1 所示。

图 11-1　数据资产目录

（2）数据标准：企业内统一的业务对象的数据含义和业务规则。如图 11-2 所示。

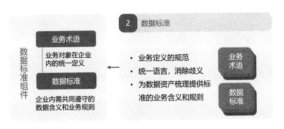

图 11-2　数据标准

（3）数据模型：通过 E-R 建模描述数据结构及其关系。如图 11-3 所示。

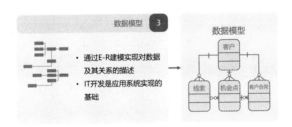

图 11-3　数据模型

（4）数据分布：数据在业务流、IT 系统、数据源的流转关系。如图 11-4 所示。

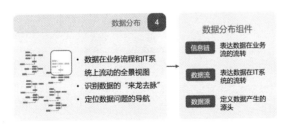

图 11-4　数据分布

以上 4 个角度是由信息架构衍生的 4 种形态：数据资产目录使业务人员能够自助查询和获取数据，数据标准使数据管理人员发布统一口径，数据模型使业务系统开发人员及数据仓库设计人员进行规范化的数据库设计，数据分布使数据使用人员根据业务流程定位可信数据。

11.2　数据架构驱动的数据治理

数据治理的方法论已发展多年，然而选择什么道路，需要决策者的理想和勇气，也需要决策者踏实做好基层调查。有业务架构基础的企业可以从 4A 信息架构（业务架构、数据架构、应用架构、技术架构）开始，通过从上层组织架构到基层人员的认责机制，打通从数据管理平台到数据建模工具的可交互操作软件体系，以及从源端 TP 到数据湖 AP 的横向数据链，形成一个可落地和持久运行的综合数据治理框架，并将上述内容作为企业管理制度由各个角色执行起来。

如图 11-5 所示，通过业务模型、数据模型贯穿业务流程与数据架构，连接业务和 IT 组织，使企业具备一体多维连接企业信息的能力，解决信息架构与 IT 开发"两张皮"的问题。

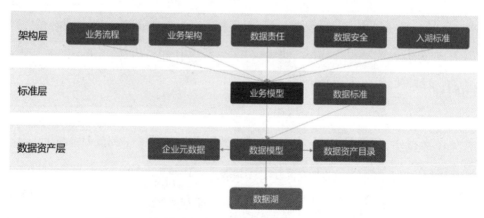

图 11-5　通过业务模型、数据模型贯穿业务流程与数据架构

数据治理是一个实践性工程。业务侧的数据主要来自交易类系统，是数据价值链的上游，企业主要的业务流程和数据都产生于此。要做好数据治理，就必须做好源头的治理。

如今信息的更新迭代日益快速，对一些大型企业而言，使用项目制的方式做数据治理基本是不可行的。形成制度、全价值链参与、进而形成文化，是更加可行的路径。

基于此，我们需要制定开发团队的建模规范，从数据模型的设计初期就着手开展数据治理工作，其内容主要如下。

- 物理模型与逻辑模型的一体化：传统的建模过程是先逻辑模型后物理模型，然而对于开发团队来说，更直接的方式是从物理模型中剥离逻辑模型，这样能减轻技术人员的管理负担，而数据资产一侧同样可以获得业务信息。

- 开发团队构建数据标准：由开发团队负责完成自下而上的标准构建工作，更适用于超大型的非数字原生企业。当标准被提出后，由管理团队进行验证和定义，从而形成一个生态型的标准产生环境。

- 实体与信息架构的打通：业务信息项、实体与数据架构之间形成映射关系。

- 实体与数据认责、数据安全的打通：通过业务信息项，完成数据认责信息的认定。

- 实体的资产注册和自动入湖：到这一步，我们就已经完成了数据资产的事前盘点和自动入湖的准备工作，实现了物理化和虚拟化入湖的工作有据可依。

通过上述规范的落地，可以使数据架构和数据基层治理结合起来。这就要求我们与基层开发团队配合来实施数据治理，有利于开发团队的工作更加顺畅。

11.3 从数据架构到数据

数据模型和模型管控强调"事前"数据治理的理念，肩负着将数据治理的工作落地的重任。通过模型中的主题域概念和 E-R 图表示数据级联关系，实现了数据资产的主题和业务对象对应，方便逻辑实体和属性的对应，实现了比较全面的事前管理，同时便于进行可视化业务评审，实现简单表格无法达到的效果。

如图 11-6 所示，通过数据模型设计落标数据标准，数据模型通过评审后发布到数据资产目录，同时触发入湖。为确保设计态与实际物理库保持一致，需要将模型与元数据进行比对。

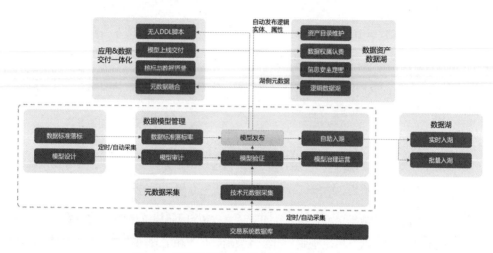

图 11-6 事前数据治理、数据模型落标和模型管控

事前数据治理、数据模型落标和模型管控的关键点如下。

- 统一管理企业的业务元数据模型，一键下发，方便灵活。

- 统一的业务流程和架构体系，将实体与业务架构打通，建模不再局限于一个应用，而是由一个业务架构的"罗盘"把数据放到应该放的地方去。

- 统一的安全体系和认责体系，由最懂数据的人进行安全评估，由最懂业务的人进行认责。

- 统一的数据标准，数据标准可以自上而下建立，而对于数据积累不多的行业，可以上下结合，让标准既来源于模型设计者，又服务于模型设计者。

- 清晰明了的 E-R 图，E-R 图就是数据的业务视图。当你看到一个五颜六色的燕翅阵、鱼骨阵等模式的 E-R 图，就可以一眼读懂业务逻辑。

对于数据资产梳理与数据建模的关系，我们可以这样理解：数据资产梳理是一种通俗化的数据建模，数据建模是专业形式的数据资产梳理，并且通常是事前阶段的数据资产梳理，二者在数据资产的管理维度中可以实现统一。

11.4　元数据

元数据是指关于数据库的数据，即对数据的描述信息。可以归类为元数据的信息种类繁多，包括有关技术和业务流程、数据规则和约束，以及逻辑和物理数据结构的信息。元数据描述了数据本身（例如数据库、数据元素、数据模型）、数据表示的概念（例如业务流程、应用程序系统、软件代码、技术基础结构），以及数据和概念之间的联系/关系。

元数据可以帮助用户理解其自身的数据、系统和流程，同时帮助用户评估数据质量，对数据库及其他应用程序的管理来说是不可或缺的。数据模型也是元数据的描述对象之一，在数据模型建设和设计过程中会引用其他元数据信息（如数据元的元数据信息），也可以通过数据模型实例化生成相关的元数据信息。

根据数据属性的不同，元数据可以分为业务元数据、技术元数据和操作元数据。

- 业务元数据主要关注数据的内容和条件，以及与数据治理相关的详细信息。业务元数据包括主题域、概念、实体、属性的非技术名称和定义，属性的数据类型和其他特征，例如数据集、表和字段的定义和描述，业务规则，转换规则，计算公式和推导公式，数据模型，数据质量规则和检核结果等。

- 技术元数据提供有关数据的技术细节、存储数据的系统，以及在系统内和系统之间数据流转过程中的信息，例如物理数据库表名和字段名、字段属性、数据库对象的属性、访问权限等。

- 操作元数据描述了处理和访问数据的细节，例如批处理程序的作业执行日志、抽取历史和结果、调度异常处理、错误日志等。

元数据可以用于评估数据质量，是数据库和其他应用程序管理的重要组成部分，有助于处理、维护、集成、保护、审核和管理其他数据。

元数据对数据管理及数据使用来说至关重要。没有可靠的元数据，用户就无法知道自己拥有什么数据、数据代表什么、起源于何处、如何在系统中移动、谁可以访问数据，以及高质量数据意味着什么。没有元数据，企业就无法将其数据作为资产进行管理，甚至可能根本无法管理数据。像其他数据一样，元数据也需要进行管理。在数据管理中，元数据的作用越来越重要，要实现数据驱动，企业必须先实现元数据驱动。

元数据驱动的全生命周期管理是支持业务建模、分析、设计、开发、测试、组装、发布、部署、运行监控等应用开发过程的，包括各种管理工具、设计器、监控工具，以及软件配置管理。采用模型驱动开发的方式，将上一阶段的输出与下一阶段的输入结合起来，利用可视化的设计器或工具将开发过程串接起来，可以显著降低开发难度，并减小各个阶段之间的鸿沟，避免不一致性。

11.5　元数据管理

元数据管理是元数据的定义、收集、管理和发布的方法、工具及流程的集合，通过完成对相关业务元数据及技术元数据的集成及应用，提供数据路径、数据归属信息，并对业务术语、文档进行集中管理，借助变更报告、影响分析及业务术语管理等应用，保证数据的完整性，控制数据质量，减少业务术语歧义，建立业务人员之间、技术人员之间，以及双方的沟通平台。

元数据管理包括元数据采集、元数据维护、元数据变更管理、元数据质量管理、元数据版本管理、标准术语管理、元数据查询、元数据统计、血缘分析、影响分析、差异分析、元数据架构模型管理和接口服务等功能。

元数据管理的目标主要体现在以下 4 个方面。

- 提供企业可理解的并可以落地使用的业务术语。

- 从不同来源采集和整合元数据。

- 提供访问元数据的标准方法。

- 确保元数据的质量与安全。

元数据管理活动主要分为以下 5 个方面。

（1）定义元数据策略：元数据策略描述了企业计划如何管理其元数据，以及从当前状态转移到未来状态的实施路线。元数据策略应为开发团队提供一个元数据管理的框架。制定元数据策略将有助于阐明该策略的驱动力并避免实施该策略的潜在障碍。

（2）理解元数据需求：理解和分析元数据内容中需要哪些数据及其详细级别。元数据的内容范围很广，元数据需求主要是指来自业务和技术数据使用者的需求。

（3）定义元数据架构：元数据管理系统必须能够从不同的数据源中提取元数据。元数据架构设计应确保可以扫描各种元数据源并定期更新元数据存储库，系统需要支持手工更新元数据、请求元数据、搜索和查找元数据。

（4）创建和维护元数据：元数据是通过一系列流程创建的，并存储在企业中的不同部门。元数据应该作为产品进行管理，以便于企业内部获得高质量的元数据。管理元数据的一些通用原则如下。

- 问责制：使企业内部成员认识到元数据通常是通过现有流程（数据建模、SDLC、业务流程定义）生成的，并要求流程所有者对元数据的质量负责。

- 标准：设置、执行和审核元数据标准，以简化集成并使用元数据。

- 改进：建立反馈机制，确保用户一旦发现不正确或过时的元数据，可以及时通知元数据管理团队进行改进。

（5）查询、报告和分析元数据：即元数据指导数据资产的使用，在商业智能（报告和分析）、商业决策（运营、战术、战略）和业务语义（业务所述内容及其含义）中使用元数据。

11.6　数据模型与元数据的关系

近年来，随着国家对数智化、数字化的重视，不同行业的企业纷纷开始或持续对自身的数据进行数据治理，希望获得高质量的数据来支撑企业的数字化转型。在实现过程中，首要的就是梳理企业的数据资产及数据标准化，而这些都与高质量的元数据密切相关。由于种种原因，如业务系统的多次迭代开发、开发文档不完善、数据库设计不合理、数据字典不完整等，严重降低了元数据的质量，给元数据的数据收集及标准化增加了很大的难度。

采用何种数据治理方法来有效地保证企业中的元数据质量，使数据标准化的成果持续固化并应用到新的业务系统或数据开发中，这是很多企业当下面临的问题。

在数据模型的管理活动中，将数据标准应用到数据模型中、利用数据模型生成规范且系统的元数据信息等活动，与有效保证元数据的质量及数据标准化有着十分密切的关系。

我们可以从元数据存储库的元模型示例中明确数据模型与元数据的数据流转关系，如图 11-7 所示。其中，逻辑数据对应逻辑模型，物理数据对应物理模型。

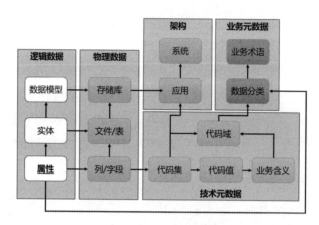

图 11-7　元数据存储库的元模型

从元数据的定义及分类中，我们可以了解到数据模型本身就是一种业务元数据。因为数据模型以图形化的方式精确表达和传递了数据需求，所以数据模型本身就是描述业务的元数据。从广义来说，元数据管理也包括对数据模型的管理。

在图 11-7 中，逻辑模型最终被实例化到数据库中，为数据库的表及字段提供业务元数据信息，而物理模型主要提供技术元数据信息。如果管理好数据模型开发，保证数据模型开发过程中的规范化及数据标准化，最终生成的元数据中也可以包含标准、业务定义等元数据信息。

11.7　数据模型与元数据的版本管理

元数据管理包括对元数据生命周期的有效管理。从元数据实际落地开始，就伴随着一项工作——元数据的版本管理，它包括对元数据版本的差异比对及版本的更新审核管理。

数据模型可以有效保证元数据的质量，同样地，当我们更新数据模型版本时，需要同步更新元数据的版本。反之，如果不通过数据模型来更新元数据版本，那么需要提供一种机制，保证在元数据更新版本时同步更新对应的数据模型版本内容。

为了保证数据模型与元数据版本管理的一致性，同时也为了保障元数据的质量与数据模型的质量，企业需要制定相关制度，定时实施对元数据与数据模型的核对，以保障它们之间的数据统一、规范。

11.8　数据模型与元数据的血缘分析

数据模型与血缘关系的整合可以帮助我们在开发阶段发现对数据开发链路变更所带来的影响，将开发人员对模型的修改快速定位到整个数据加工链条的前后向关系上，并提前通知相关负责人，防止数据结构变更影响到后端数据应用。

11.8.1　元数据的血缘

元数据的血缘是指元数据与元数据之间的数据血缘关系。数据血缘关系是指数据在产生、处理、流转和消亡的过程中，数据之间形成的一种类似于人类社会血缘关系的关系。

发现和记录数据资产的元数据的重要意义之一在于提供数据在系统间转移的信息。这个血缘关系可能是本系统或者跨系统，甚至与外部系统相关的。准确完整的元数据血缘关系有利于我们弄清整个数据的来龙去脉，同时可以明晰数据的影响范围，从而使我们更有效地管理重点数据的变更工作。

在数据治理工具中，元数据的血缘关系一般是以数据流向图的形式展示的，可以实现数据关系的钻取展示操作。元数据血缘分析一般分为两个层面，一是系统间的血缘关系，二是表及字段间的血缘关系。

11.8.2　数据模型的血缘关系

数据模型也是一种元数据，所以数据模型也有血缘关系，最明显的就是不同层级的数据模型之间的血缘关系。

对于一个集团级的数据系统开发来说，规范的模型设计路线是：领域模型/概念模型—>企业级逻辑模型—>系统级逻辑模型—>物理模型。从这一层面上，我们可以明确地知道这几种模型的血缘关系。

领域模型/概念模型抽象表述了系统业务功能及业务数据关系，通过继承领域模型或概念模型定义，细化相关数据实体，充分考虑系统数据存储方面需求，完成企业级逻辑模型的设计。系统级逻辑模型的开发必须遵循企业级逻辑模型的相关标准定义，基于各业务系统的落地场景扩展及增加业务系统的个性实体，形成系统级逻辑模型。物理模型是逻辑模型根据数据库实际部署环境落地生成的，物理模型与实际数据库中的数据表是一一对应的。

11.8.3　开发逻辑模型生成元数据血缘关系

在数据模型的开发，特别是逻辑模型的开发中，为了更好地让后来者了解模型中各属性的数据来源及相关数据加工逻辑（如 ETL 过程），我们通常需要在模型中实体的相关属性上记录该属性的数据来源及加工逻辑。例如，这个属性的数据是从其他数据模型或数据源上直接迁移或者由多个不同数据模型或数据源聚合（可能包括聚合规则）产生的。

根据数据模型的属性记录，我们可以将它转化为元数据的血缘关系。数据仓库中的数据模型开发往往就基于上述情况。同样，优秀的数据模型工具也为模型设计者提供了记录数据血缘关系的操作，并可以根据已记录的血缘关系，在将数据模型实例化到数据库时，自动生成相关 DML 语句。

12

数据模型与数据标准

数据标准是指保障数据的内外部使用和交换的一致性和准确性的规范性约束,通常可分为基础类数据标准和指标类数据标准。[①]

数据模型是表示和传递数据需求的精确形式。数据模型中的要素天然就与数据标准相关,比如概念模型及逻辑模型中的实体和属性的相关内容、物理模型中表和字段的相关内容都与数据标准密切相关。

12.1 数据标准

提到"标准"二字,我们第一时间能够想到的就是一系列的标准化文档,例如产品设计标准、生产标准、质量检验标准、库房管理标准、安全环保标准、物流配送标准等,这些标准有国际标准、国家标准、行业标准、企业标准等。而我们所说的数据标准却不单单是指与数据相关的标准文件,数据标准是一个从业务、技术、管理三方面达成一致的规范化体系。

12.1.1 数据标准的概念

形成企业(组织)的数据标准需要综合考虑其自身的架构体系、数据战略、制度、组

---

① 出自中国信通院《数据资产管理实践白皮书(4.0 版)》。

织规范、所属行业标准、所属国家标准、国际标准等方面的内容。如图 12-1 所示。

图 12-1　数据标准的形成

数据标准是实施数据标准化的主要依据，构建一套完整的数据标准体系是开展数据标准管理工作的良好基础，有利于打通数据底层的互通性，提升数据的可用性。

在实际操作中，数据标准（Data Standards）一般是指数据标准化（Data Standardization）。对于数据标准化，维基百科中给出的定义是"研究、制定和推广应用统一的数据分类分级、记录格式及转换、编码等技术标准的过程"，百度百科中给出的定义是"企业或组织对数据的定义、组织、监督和保护进行标准化的过程"。

数据标准体系包括数据管理制度、数据管控流程、数据标准管理工具。通过数据标准体系在企业中的落地应用，我们可以应用统一的数据定义、数据分类、数据存储格式、数据转换方式、数据统一编码等实现数据标准化。统一、完善、明确的数据标准体系可以为组织在数据管理活动中提效增益，提升组织数据质量，是组织数据化转型的强有力支撑。

数据标准管理是指按照数据标准体系，通过各种管理活动，利用数据标准管理技术工具推动数据标准化的过程。同时，数据标准管理也是数据标准落地必不可少的过程。

"车同轨，书同文，行同伦"，我们需要在企业内定义一套关于数据的规范，以便我们都能理解这些数据的业务含义及应用情景，并且实现在企业内使用的数据具有一致性。例如，银行业的"客户编号"，在不同的业务系统中，往往存在与它业务含义一致且数据性质相同，但是中文定义及英文定义有差异的数据字段（如客户编码、客户号、客户 ID），这样不仅会给负责数据融合工作的人员增加沟通成本，而且在项目实施、交付、信息共享、数据集成、协同工作中也容易出现各种问题，很可能会引起相应的数据质量问题。

12.1.2 数据标准的分类

从适用范围来看，数据标准可以分为基础类数据标准和指标类数据标准。

基础类数据标准又可以分为普通数据标准、参考数据标准、主数据标准等。

- 普通数据标准用于更好地区分其他类数据标准，因为在目前的数据治理活动中，普通数据标准更多地关注的是结构化数据中如字段或属性级别的数据元的数据标准，因此我们也将它称为数据元标准。

- 参考数据是指可用于描述或分类其他数据，或者将数据与组织外部的信息联系起来的任何数据。最基本的参考数据由代码和描述组成。由于参考数据在主数据中的重要性，我们需要对参考数据进行参考数据标准管理。

- 主数据标准是组织中需要跨业务领域、跨流程和跨系统使用的主数据的数据标准，主数据标准不仅包括数据元标准、参考数据标准等关于数据元粒度的数据标准，也包括主数据主题域、主数据数据模型等数据架构层面的数据标准。

指标类数据标准通常也可以称为指标数据标准，与数据集市层数据、数据报表、BI/AI数据指标、科学运算指标、数据挖掘数据指标有关的数据标准涵盖更广泛，它不仅具有与数据元标准相同的数据类型、数据长度、取值范围等技术指标，而且具有计算公式、计算方法、关联元数据等指标数据标准所特有的技术属性。

在数据标准中，数据元标准、参考数据标准、主数据标准、指标数据标准的关系如图12-2所示。

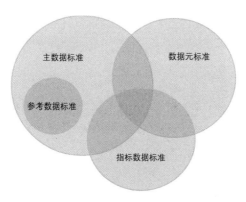

图 12-2　数据标准的内部关系

12.2　数据模型与数据标准的关系

数据模型的度量指标的设定需要考虑数据模型中应用数据标准的情况。

《DAMA 数据管理知识体系指南》一书中提到，数据模型计分卡中的数据质量指标包括"模型遵循命名标准的情况"。数据质量指标确保数据模型采用正确且一致的命名标准，包括命名标准的结构、术语和风格。命名标准应被正确地应用于实体、关系和属性上。

在一些企业的数据标准中，主数据标准会给出企业级数据模型的设计内容及主题定义等规范。

数据模型的实例化将实现物理数据库设计，同时，生产系统的数据质量与数据库设计严格相关。在数据模型中，应用数据标准能保证数据模型在实例化过程中满足数据一致性要求，并解决多系统间的元数据定义不一致的问题。如数据仓库、数据中台等数据汇集中心更加关注多系统的元数据不一致问题，更需要对数据模型进行数据标准的落标和规范化管控。

12.3　将数据标准应用于数据模型建设

将数据标准应用于数据模型建设中时，应当遵循以下规范。

1. 建立数据模型的正向工程需要遵守数据标准规范

数据模型的建设分为正向工程及逆向工程。逆向工程是从已有的数据库中抽取元数据并逆向生成数据模型，生成的物理模型中的表及字段都与数据库内容一致。在大多数场景下，应用逆向工程是为了了解组织及系统中的数据资产情况，或希望根据已有的数据库新建新系统或数据模型。

对于正向工程来说，由于是重新设计及建设数据模型，考虑到数据模型需要精确的数据表示，并保证在业务人员和技术人员间的有效沟通，因此在整个正向工程的建设中需要严格遵守组织内的数据标准规范，具体如下。

- 在概念模型中，实体及属性需符合组织中数据标准相应规范，如命名规范、数据元标准、参考数据标准、主数据标准等。

- 在逻辑模型中，实体及属性需符合组织中数据标准的相应规范，如命名规范、数据元标准、参考数据标准等。

- 在物理模型中，表及字段需符合组织中数据标准的相应规范，如命名规范、数据元标准、参考数据标准等。

2．实体及属性在创建过程与数据标准的关系

在概念模型及逻辑模型的建设过程中，新建的实体及属性需遵守组织的数据标准规范。

- 实体的中文名称及英文名称的命名规范需要符合组织的数据标准规范。例如，如果业务标准术语中有关于"客户"的定义及规范要求，类似"顾客"这一类与"客户"存在相同概念的术语就不能应用到实体的命名中。

- 属性的中文名称的命名、英文名称的命名、数据类型、数据域、关联代码、业务定义、业务流程等也需要遵守组织中相关的数据标准规范，如数据元数据标准、参考数据标准等。

3．物理模型中表及字段的创建与数据标准的关系

- 表的英文名称的命名规范需要符合组织的数据标准规范。

- 字段的英文名称的命名、数据类型、非空属性、中文注释相同内容（数据域定义、数据编码规则、业务含义、数据标准代码说明等）等也需要遵守组织中相关的数据标准规范。

12.4　从数据模型发现并生成新的数据标准

数据模型是表示和传递组织及系统的数据需求的精确形式，在组织及系统新的数据需求的驱动下，我们可以从已通过审核的数据模型中发现组织需要增加的新数据标准的相关属性，并根据数据模型提供的技术属性等内容，利用数据标准管理工具补充数据标准的业务属性和管理属性，生成新的数据标准。同时，数据模型还建立与数据标准的关系。已建立的新数据标准可以应用在组织及系统的下一次数据模型建设中，也可以用在其他数据治

理活动（如元数据管理、数据质量管理等）中。

数据模型可以提供的数据标准内容如下。

- 数据标准命名规范。

- 数据标准业务术语。

- 数据标准技术属性，包括数据类型、数据长度、非空属性、数据标准代码、数据域定义、与其他元数据的关系等。

- 数据标准业务属性，包括业务定义、业务流程等。

第四篇

行业数据
模型篇

13

证券资管行业的数据架构及模型

本章介绍证券资管行业的数据架构及模型。证券资管行业的数据化程度相对较高，机构多、类型广、交易方式多样，机构内及机构间数据交换频繁，业务发展迅速。可参考的行业数据模型能够用于规范企业机构数据应用系统建设、提高数据标准化水平，提高数据交换效率，统一数据名称、数据定义、结构类型、代码取值和关联关系等。

13.1 证券公司业务概览

作为我国资本市场的主要中介机构之一，证券公司在我国社会经济发展过程中发挥着至关重要的作用。证券公司的主要业务包括财富管理业务、机构综合业务、投资银行业务、资产管理业务、自营业务、信用业务等。

1. 财富管理业务

证券公司的传统经纪业务是指证券公司提供交易渠道，为客户买卖有价证券、提供通道服务、在交易过程收取佣金的业务，目前各证券公司正积极向财富管理业务方向转型。

财富管理业务主要以客户为中心，设计一整套财富管理规划方案，通过构建资产配置和投资组合等方式，为客户提供现金、证券、信用等一系列金融产品和服务，满足客户个性化财务目标和流动性要求，帮助客户实现资产和财富的保值增值。

2．机构综合业务

机构综合业务是指证券公司面向专业机构投资者提供的机构投研、机构经纪、资产托管及融资融券、产品代销、衍生品交易等服务。机构投研、机构经纪、资产托管是 3 项典型的面向专业机构投资者的增值服务。

（1）机构投研服务是指证券公司通过研究报告、策略会、定制路演等形式为投资机构提供的宏观、经济、行业、公司等领域的研究咨询、投资建议服务，主要为机构客户的投资决策提供参考和依据。

（2）机构经纪服务是指证券公司根据机构客户委托、代客买卖证券并收取佣金的业务，主要由证券公司提供交易终端与通道。

（3）资产托管业务是指证券公司根据法律法规要求履行资产管理计划的资产保管、清算对账、资金划付、估值核算、投资监督等职能，并向委托人和管理人提供资产托管信息披露报告等相关服务。

3．投资银行业务

证券公司投资银行业务主要包括股权融资、债权融资、结构化融资、并购重组、财务顾问及资本中介等。IPO（首次公开发行）上市、再融资（增发、配股和可转债）、发行债券等，是证券公司开展投资银行业务帮助公司融资的常见手段。

4．资产管理业务

资产管理业务是指证券公司接受投资者的委托，根据资产管理合同的约定，包括资产管理方式、条件、要求及限制等，经营运作客户资产，提供证券和各类金融产品的投资管理服务。

证券公司资产管理业务包括定向、集合与专项三类。

（1）定向资产管理产品为单一客户设立，投资起点高。

（2）集合资产管理产品为两名及以上客户设立，集合资产管理与定向资产管理在投资范围、信息披露、参与和退出方式、费用收取等方面存在一定的区别。

（3）专项资产管理目前主要是指资产证券化（ABS），即利用未来可以产生独立可预测的现金流且可特定化的财产权利或财产组合进行现在的融资。

5. 自营业务

自营业务是指证券公司以自身名义和自有资金买卖投资证券获取收益，并自行承担投资风险的证券投资业务，自营业务按投资标的类型通常划分为固定收益投资、权益投资、金融衍生品投资。

6. 信用业务

信用业务是指证券公司以客户提供的部分资金或有价证券作为担保为前提，向客户贷款贷券、获取利息收入的业务。证券公司信用业务主要由融资融券业务和股票质押业务组成。

融资融券业务分为融资业务和融券业务。融资业务是客户向证券公司借入资金购买证券并支付利息的业务；融券业务是客户向证券公司借入证券卖出，在约定期限内买入相同数量和品种的证券归还证券公司并支付相应费用的业务，也就是"融券做空"。

股票质押业务是指个人和公司将持有的股票等证券作为质押品，向证券公司借入资金，到期后归还借款解冻质押证券的业务。股票质押业务近年来虽然为证券公司带来了高额营收，但也同时发生了多起风险事件，需对其蕴含的风险保持长期高度警惕。

13.2 证券行业数据管控

中国证券期货市场起步较晚，但信息技术和信息化应用的起点很高，在二十余年的时间里，证券行业是信息化程度较高的行业之一。信息系统运行产生的数据也成为本行业最核心的资产，有力地推动了多层次资本市场的快速发展，也迅速推动了市场各参与主体的信息化建设进程。

我国证券业信息化建设大致经历了以下三个阶段。

第一个阶段，交易电子化阶段。在该阶段，证券公司和期货公司积极引入计算机、通信网络等信息技术，替代了人工交易模式，实现了交易电子化。

第二个阶段，网上交易阶段。在该阶段，证券公司和期货公司围绕集中交易系统和网上交易进行信息化投资和建设，实现了交易的线上化。

第三个阶段，数字化发展阶段。2017 年开始，证券行业积极推动云计算、大数据和人工智能等高新技术在金融服务、渠道、产品、投资、信用、风控、合规等领域的全面应用，保障资本市场的健康、稳定、可持续发展。

近年来，金融科技大力推动了证券期货业服务模式的创新，重塑了证券期货业的竞争格局，促进了监管理念和监管方式的变革，而金融科技的基础是数据治理和应用。证券行业的监管机构先后发布了《银行业金融机构数据治理指引》《证券基金经营机构信息技术管理办法》和《证券公司全面风险管理办法》等规章制度，旨在引导金融机构加强数据治理，提高数据质量，发挥数据价值，提升经营管理水平，从而推动金融机构的发展模式由高速增长向高质量发展转变。良好的数据治理可以帮助机构加强风险控制，提升运营能力，其价值主要体现在三个方面。

一是提高风险管理能力。数据治理能够提高数据质量，对数据进行有效整合，解决机构内部数据定义不一致、数据资产不清晰、数据流转不畅等问题，通过对宏观市场、行业数据、机构数据的全面分析，能够有效地对相关风险因素进行分类、识别、计量与分析，减少风险波动带来的损失。

二是提高精准服务能力。基于良好的数据治理环境，我们可以通过深入的数据挖掘和智能化分析，向不同类型客户提供差异化服务。通过更加详细和准确地分析客户行为和特征，帮助机构更有效、更及时地为客户提供服务，这样可以预测未来客户的利润增长点，以便更合理地分配资源。

三提高运营管理能力。通过对运营费用、营销资源、人力资源投入等领域的分析，有助于识别低效冗余的流程环节并加以改进，从而达到降低支出成本、发现异常支出情况、提高运营效率等目的。

13.2.1　证券行业数据管控组织

1. 行业组织

全国金融标准化技术委员会证券分技术委员会（简称"证标委"，国内编号 SAC/TC180/SC4）成立于 2003 年 12 月，是由国家标准化管理委员会批准组建的在证券期货领域从事全国性标准化工作的技术组织，负责我国证券期货业标准化技术的归口工作，并承担国际标准化组织/银行、证券及其他金融业务/证券及相关金融工具分委会（ISO/TC68/SC4）的国内对口工作。

2. 公司组织

目前主流的 3 种数据治理组织架构模式包括公司级数据管理组织模式、部门级数据管理组织模式、风险数据管理部门模式。

常见的数据治理组织架构及相关职责如下。

（1）数据治理委员会：数据治理决策机构，统筹负责数据治理整体规划和设计工作；负责制定公司数据治理规章制度和工作流程，设定公司统一的数据指标、管理标准和数据模型；结合数据中台建设，强化数据应用体系治理；指导、监督和考核各相关部门开展数据治理工作；进行数据确权，构建公司数据架构的蓝图规划，通过管理公司数据资产，深化数据价值的应用；组织开展各类数据治理的宣贯培训，积极推进公司数据治理企业文化建设。

（2）数据治理团队：负责起草公司数据治理战略规划、年度计划及其他数据治理相关的重大事项；起草数据治理相关的管理办法，并结合监管机构要求及公司管理实际情况持续更新相关制度；组织数据治理委员会会议，对议案的相关材料进行收集和整理，撰写会议纪要，并对议案执行情况进行跟踪汇报；组织全公司数据治理各项工作的开展，根据实际情况展开评估和考核；组织全公司数据治理的研讨、交流和培训工作；制定和执行数据标准、数据模型、数据质量管理体系；对技术小组数据治理具体工作的落地实施进行跟踪、审核和确认；对技术小组和业务条线数据治理工作进行督促、指导和考核；以公司数字化转型为目标提出数据高阶分析应用，提升数据治理的价值。

（3）数据治理业务专员：提出数据需求，并制定数据标准；制定本部门数据标准质量规则；牵头整改数据质量问题；制定维护本部门业务元数据。

（4）数据治理技术专员：具体实施工作的落地，包括元数据管理、信息系统管理、数据安全管理，以及数据中心基础数据应用等工作；根据数据治理委员会制定的详细工作计划推进和执行；梳理公司业务及中后台管理系统的功能和缺陷，并对用户权限进行分配和管理；积极推动公司数据模型的迭代建设工作，优化上层基础数据报表的应用。

某证券公司参考以上 3 种主流组织架构模式后，结合自身特点，将数据治理团队纳入金融科技部一级部门管理，与系统开发团队等并列。通过公司发文等确定负责数据标准的制定和数据质量解决等工作的责任主体，明确了业务、技术及管理人员三方协同的数据治理策略，从根本上落实了数据治理工作，如图 13-1 所示。

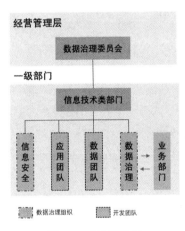

图 13-1　组织架构图

13.2.2　证券行业数据管控规范制度

行业标准化管理水平稳步提升，并聚焦重点领域推动标准建设。截至本书写作时（2021 年），相关监管部门已累计发布标准 45 项，尤其是近两年发布的编码类、接口类、信息安全类标准，在推动行业资源共享、业务协同、系统互联互通等方面发挥了重要作用。2018 年，发布《证券期货业数据分类分级指引》，为后续对数据资产管理及数据安全的分级管理打下重要基础。2018 年，发布《证券期货业数据模型　第 1 部分：抽象模型设计方法》（JR/T 0176.1—2019），以及后续的《证券期货业数据模型　第 3 部分：证券公司逻辑模型》送审稿和《证券期货业数据模型　第 4 部分：基金公司逻辑模型》送审稿，为各家金融机构建立统一、规范、可用的公司级数据模型提供了很好的"参考答案"。此外，本书对过往证券行业内主要的数据相关标准进行梳理，见附录 A。

13.2.3 证券行业数据管控工具

在数据治理过程中，实施方积累了很多规范和经验，但如果要形成落地、长久的运行机制，则必须把这些规范和经验沉淀到产品工具中，通过工具化的方式实现，最终成为数据治理工作的重要抓手。证券公司常见的数据管控主要模块如图 13-2 所示。

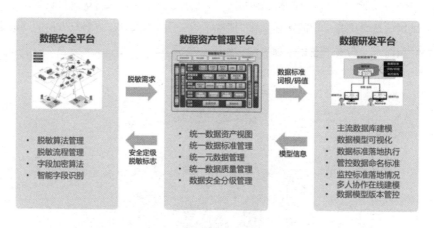

图 13-2　数据管控平台的主要功能模块

数据管控工具主要包括数据资产管理平台、数据安全平台和数据研发平台，分别实现数据资产管理、数据资产安全和数据资产实施三大方面的功能。

（1）数据资产管理平台：许多证券公司已引入了数据资产管理平台（数据治理平台），并初步实现了包括数据标准管理、元数据管理、数据质量管理等模块的线上化管理，常见的著名厂商包括数语科技、长亮数据和至恒融兴等。

（2）数据安全平台：部分证券公司已引入了数据安全平台，主要实现了脱敏算法管理、脱敏流程管理、字段加密算法，以及利用人工智能实现字段识别的功能。

（3）数据研发平台：证券公司的数据管控平台功能已较为完善，但数据建模工具仍处于起步阶段。少数证券公司愈发重视研发平台的建设，例如引入数据建模工具、实现数据模型的线上管理、与数据管控平台互通、保证模型符合数据标准规范，等等。

13.3　证券公司数据模型

证券期货业数据模型的设计思路是：依托抽象数据模型成果，归纳各类业务易行为，合并提炼数据特征，归纳划分逻辑模型域，抽象模型整体采用"主体—行为—关系"（Identity-Behavior-Relevance，IBR）方法进行设计，然后进行系统级分析、表级分析、字段级分析及代码整合，最终形成逻辑模型。引用《证券期货业数据模型 第 3 部分：证券公司逻辑模型》送审稿的核心主题关系图如图 13-3 所示。

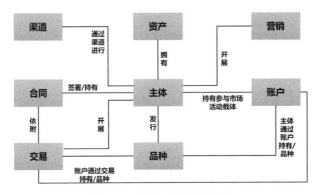

图 13-3　证券核心主题关系图

因此，证券公司逻辑模型的数据域划分为主体、账户、品种、交易、合同、营销、资产、渠道 8 个数据域。在实践过程中，我们常从资讯、业务方向和分类等更多主题对其进行丰富。

13.3.1　核心主题域模型

通过对证券公司的核心主题域模型进行分类、分层及归并之后,形成的数据域为主体、账户、品种、事件、资产、合同、渠道和营销。各主要数据域的描述如表 13-1 所示。后续对其中比较重要的部分领域进行介绍。

表 13-1　主要数据域描述

中文名	数据域定义	英文名	词根
主体	主体是指证券公司开展业务过程中的相关各方。具体包括客户、员工、内外部机构信息、交易对手、经纪人、保荐人等证券交易中参与主体的数据	PARTY	PTY

中文名	数据域定义	英文名	词根
账户	账户是记录主体证券、证券衍生品种、资金持有及其变动情况的载体。具体包括证券账户、资金账户、理财账户、存管账户、虚拟账户、自营账户等各类账户基本属性及其之间的关系	ACCOUNT	ACC
品种	品种是指可以被发行、出售、购买的能够满足特定金融需求的各种金融工具或金融服务。具体包括如下。 （1）金融工具：股票、债券、衍生品、基金和资管计划等。 （2）金融服务：IPO服务、收购兼并、财务顾问和资讯产品等	VARIETY	VAR
事件	事件是指在证券公司与客户等主体的交易或交互活动中记录的交易数据和详细行为数据。具体包括交易类流水、服务记录流水、非交易类流水、账户变动流水等记录事情发生过程的记录数据	EVENT	EVT
资产	资产数据域描述的内容是主体在证券期货市场上投资、交易形成的给主体带来经济利益资产的资源。具体包括账户持仓、资金余额、负债等各类与资产相关的数据	ASSET	AST
合同	合同是指客户与证券公司签署的有关开展某种业务或购买某种产品的协议。具体包括股质押、两融、理财类合约等各类契约	AGREEMENT	AGMT
渠道	渠道是指证券公司与客户、合作伙伴及内部机构等进行接触和交互的通道。具体包括开户渠道、交易渠道、服务渠道、营销渠道等各类渠道信息	CHANNEL	CHN
营销	营销是指为了获取、维护、增强证券公司与客户的关系而开展的一些促销活动，包括各渠道、各渠道营销活动汇集，包含活动定义、目标客户，任务执行情况	MARKETING	MKT

13.3.2 客户数据域模型

客户数据域是证券公司以客户为中心开展客户关系管理、进行客户画像和标签管理的重要基础性模型，它还与账户、交易、资产和合同等其他数据域之间存在着密切的关联关系，如图 13-4 所示。

客户数据域的设计首先采用 IBR 方法，从核心业务条线着手进行提炼分析，通过理清业务条线建立关键实体，最终实现全业务覆盖。在实践过程中需要关注的是，证券行业的存量系统较多，必须设计兼容现状的企业级客户 ID 和系统级客户 ID 的关联，打通OneID。

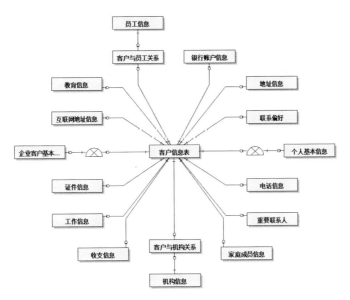

图 13-4　客户数据域模型概览

13.3.3　品种数据域模型

品种数据域的设计参照了国家标准《证券及相关金融工具金融工具分类（CFI 编码）》（GB/T 35964—2018）和国外成熟的金融数据模型，结合国内现有金融工具品种，构建符合国际规范且适应国内资本市场现状的品种分类及定义，如图 13-5 所示。其中，品种分类的一、二级沿用 GB/T 35964—2018 标准分类，三级及以下级别分类为结合国内品种现状的自定义分类。

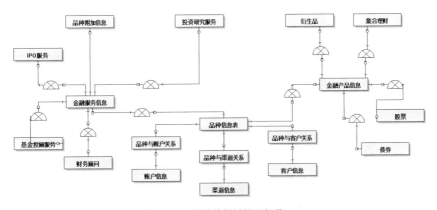

图 13-5　品种数据域模型概览

13.3.4 账户数据域模型

账户数据域是描述相关主体因业务需求在相关机构登记的各类账户信息,账户数据域按照账户类型划分三大类,包括银行账户、资产账户、资金账户,如图 13-6 所示。

- 银行账户是指银行为客户开立的,用于存放和管理客户证券买卖用途的交易结算资金。

- 资产账户是指证券登记结算机构、基金公司等机构为投资者设立的,用于准确记载投资者所持的证券种类、名称、数量及相应权益和变动情况的账册。

- 资金账户是指证券公司为客户开立的专门用于证券交易用途的账户,通过该账户对客户的证券买卖交易进行前端控制,进行清算交收和计付利息等。

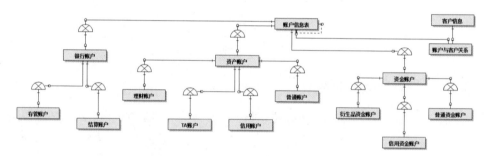

图 13-6　账户数据域模型概览

13.3.5 渠道数据域模型

渠道用于表述业务发生的地点、通道或路径,通常与业务事件关联。渠道数据域由线上渠道和线下渠道组成,如图 13-7 所示。

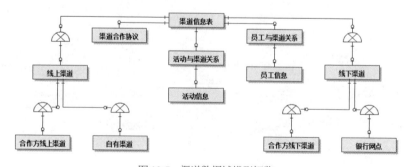

图 13-7　渠道数据域模型概览

14

保险行业的数据架构及模型

本章介绍保险行业的数据架构及模型。保险行业的数据被分为 9 个主题，分别是参与方、合同、理赔、资产、风险评估、财务活动、保险产品、地域及联系方式、关系。

14.1　保险行业业务概述

随着我国经济的快速增长、国民财富的积累，我国居民的保险意识逐渐加强。我国保险业自 2011 年开始逐渐进入良性循环，保费增速改善，进入快速增长且增速逐渐加快的阶段。目前我国保险的整体保费收入接近 2.5 万亿元人民币。同时，随着互联网对各行各业的逐步渗透，保险业开始向着新的方向转型。

随着金融科技近几年来不断地推陈出新，新技术的高速发展，险企的业务上到精算、产品设计，下到各业务条线的互联网程度也正随着金融科技的发展逐步提高。[①]

互联网保险的增长速度非常快，在互联网的加持下，保险公司的产品逐渐呈现多样化

———

① 参考自《保险业数字化营销洞察和策略白皮书》。

的趋势，渠道也在逐渐丰富。同时，专业的第三方运营团队的加入也为保险行业打开了新的格局。

传统保险公司经营在消费者、保险行业、公司治理、寿险业务、财险业务等方面都存在着不同程度的痛点。在开发务实与包容审慎的监管环境下，国家出台了相关政策，夯实保险创新基础，对保险行业转型提出了明确要求。相关政策文件的内容见附录B，从中不难看出，自2014年到2020年，国家出台的一系列政策都在鼓励险企加速推进数字化发展，并在近几年着重强调了风险管理与业务合规在险企数字化进程中的重要性。

14.2 保险行业监管数据标准

中国银保监会发行了"财产保险公司版""再保险公司版""人身保险公司版"等版本的《保险业监管数据标准化规范》，在不同的版本中规范了适用机构范围、监管数据结构、监管数据来源、数据采集报送、数据校验、关联数据项、机构自定义数据项、敏感信息处理、涉密信息处理处理、数据约束、数据项报送、数据格式、数据拆分、数据汇总虚拟保单报送、数据质量、数据分层存储、标准引用等数据标准内容。

《保险业监管数据标准化规范》有效地定义了保险行业所属保险公司的数据报送规范，并指导了保险公司内部的数据治理方向。由于种种原因，保险公司的内部数据质量普遍不能高效准确地支撑保险公司的数字化转型需求。保险公司在数字化转型的同时，也必须重视公司的数据资产及数据资产整体质量的提升。通过《保险业监管数据标准化规范》来指导企业内部的数据治理，是数据治理落地过程中的一个有效抓手。

为了推动建立保险业通用数据规范，提升行业信息化应用能力和数据治理水平，支持保险机构信息化建设、行业信息共享平台建设及保险监管信息化，中国银行保险监督管理委员会制定了《保险业务要素数据规范》系列标准。

《保险业务要素数据规范》系列标准从保险业务活动出发，覆盖财产险、人身险等不同险种，渗透至承保、保全、理赔、收付、再保等核心业务流程，由主题域、数据实体、数据项、业务代码等内容组成，包含《人身保险业务要素数据规范》《财产保险业务要素数据规范》两项行业标准，介绍见附录C。本文件是《保险业务要素数据规范》系列标准之一，覆盖车险、农险等11个险种，是财产保险业务要素信息标准化的重要依据。

14.3 保险行业数据模型

中国银行保险监督管理委员会针对保险行业制定了相关的数据标准及基础数据模型规范，我们可以基于保险行业业务特点及发展趋势，参考相关数据标准及基础数据模型规范，基于保险行业的分类（如财产保险、人身保险）形成保险行业的数据模型。这样有助于保险公司基于通用的数据模型梳理公司内部的数据资产，促进保险公司的数字化转型。

14.3.1 财产保险公司版数据模型

1. 保险基础数据模型

在设计保险行业的数据模型时，在总体设计上，我们需要参考 JR/T 0048《保险基础数据模型》这一标准。在《保险基础数据模型》中，保险行业的数据被分为 9 个主题，分别是参与方、合同、理赔、资产、风险评估、财务活动、保险产品、地域及联系方式、关系。各主题之间的关系如图 14-1 所示。

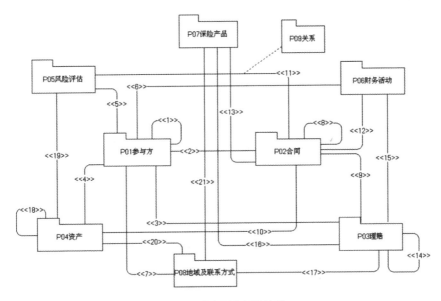

图 14-1　各主题之间的关系

对于各主题之间的关系，举例说明如表 14-1 所示。

表 14-1 各主题之间的关系示例

序号	主题A	主题B	关系举例说明
1	参与方	参与方	参与方主题的自关联。 人与人之间的关系：家庭亲属关系，如配偶、父母、子女；上下级关系等。 人与组织之间的关系：企业的法人代表、人员所在单位、组织的成员等。 组织与组织之间的关系：上下级机构等
2	参与方	合同	合同全生命周期各个阶段的各项活动的参与方，如承保人、联共保人、被保人、投保人、受益人、分保接受人等
3	参与方	理赔	理赔各项活动中的参与方，如报案受理人、立案员、定损人、报案人、查勘人、结案人、初审员等

《保险基础数据模型》综合考虑了保险行业的业务特征，制定了保险行业的数据主题、数据实体、数据实体属性的定义及组织方式，适合在保险行业各类信息系统建设过程中作为数据建模和数据库设计的参考和指导，也适合在保险行业各机构间、保险行业与其他相关行业间作为信息共享和信息交换的参考模型。

下面列出《保险基础数据模型》中部分主题的参考模型。

（1）参与方主题概念模型，如图 14-2 所示，包括的实体有参与方、注册信息、人、组织、内部组织等。

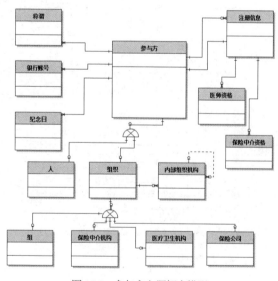

图 14-2 参与方主题概念模型

（2）合同主题概念模型，如图 14-3 所示，包括的实体有保险合同、合同协议、再保险合同、合同被保人、联共保信息、保单加费、合同受益人、中介代理协议、选定投资组合等。

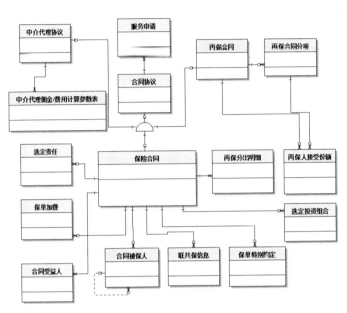

图 14-3　合同主题概念模型

（3）理赔主题概念模型，如图 14-4 所示，包括的实体有赔案、再保摊回明细、追偿、再保险合同、报案、事件、查勘、调查报告等。

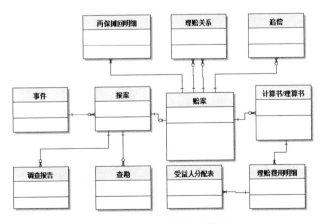

图 14-4　理赔主题概念模型

2. 保险业监管数据标准化规范（财险公司版）

《保险业监管数据标准化规范（财险公司版）》是由银保监会制定的用于规范保险财险公司的数据报送标准。其中明确了财产保险数据的业务属性和技术属性，将财产保险公司数据结构映射成统一的监管标准化数据格式，以实现监管标准化数据的采集和处理。

监管标准化数据提供了财产保险业务管理所需的基本数据类型，便于财产保险公司对照标准化监管数据来分析自身系统架构与数据的完整性、准确性、及时性，从而为财产保险公司完善风险管理与内部控制、提升数据治理水平提供有效途径。

主题域划分是指划分监管关注的领域大类，包括公共信息、会计记账信息、客户信息、产品信息、承保信息、收付费信息、再保险信息、理赔信息、服务信息、车险专项、农险专项、家财险专项、企财险专项、责任险专项、信用险专项、保证险专项、货运险专项、船舶险专项、工程险专项、特殊风险专项、意外健康险专项、投资业务、关联交易，共计23 类。

该版本的规范明确了各主题下的实体及实体属性的业务定义，以及相关技术的属性定义，同时也定义了与保险业务关系密切的业务代码明细。

为了保证数据采集的质量，该版本的规范定义了相关的数据检核规则，以保证保险公司报送数据的质量。

3. 保险行业数据模型（财险公司版）

以下数据模型参考了《保险业监管数据标准化规范（财险公司版）》，在数据模型的设计过程遵守相关数据标准，将数据标准应用到数据模型中的实体属性上，保证数据模型的标准化应用。财产保险公司可以将数据模型与本公司的内部信息系统进行映射，从而有效提高数据报送的质量，或者给处于数字化转型中的公司数据资产梳理及资产应用提供指导。

下面列出其中关键位置的局部图，如图 14-5~图 14-7 所示。

从局部图中，我们可以清楚地了解到：保险行业的业务涉及较多元的组织机构。由于保险行业的业务特点，与保险业务相关的组织机构信息是业务活动信息实体的主要组成属性。

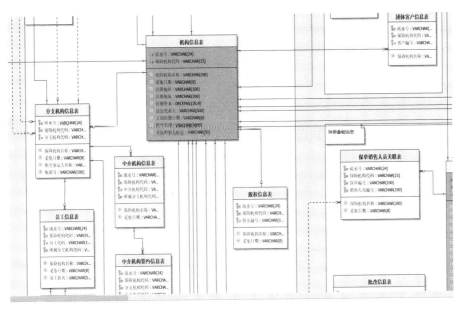

图 14-5　机构信息实体周边

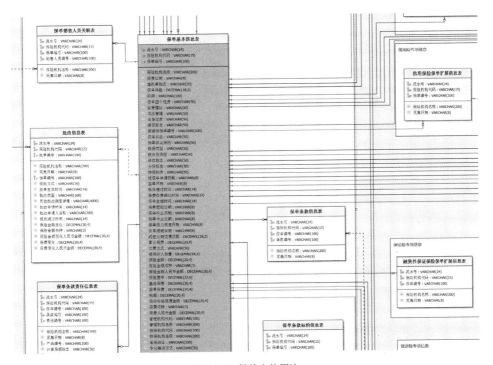

图 14-6　保单实体周边

很明显，保单基本信息是所有保险业务活动的核心信息。所以在保险行业中，为了保证业务活动的顺利运作，保单信息的数据质量需要得到强有力的保证。

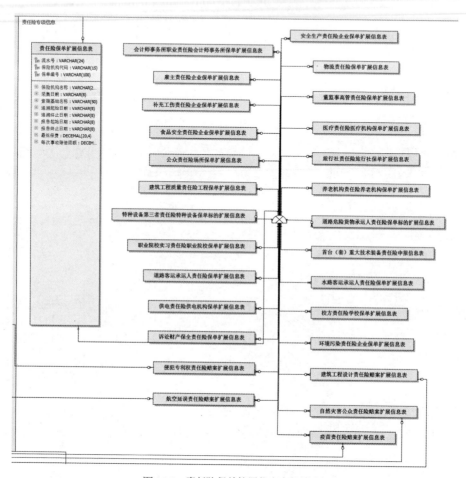

图14-7　责任险保单扩展信息实体周边

从以上的局部图中可以看出，在责任险类型的保险业务中，相关险种的种类较多。我们在针对责任险类型的保险业务活动进行信息记录时，需要充分考虑数据的一致性问题。

下面展示部分主题的数据模型。

（1）保单主题

保单主题数据模型如图14-8所示，其概念实体如下。

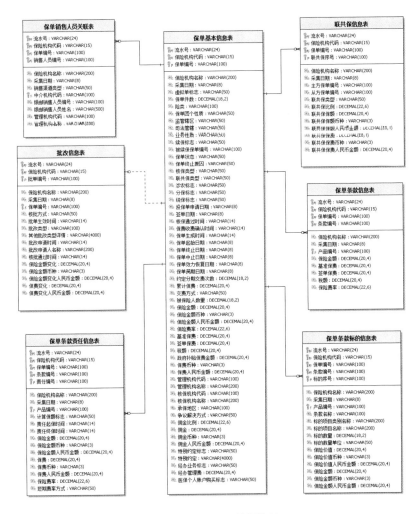

图 14-8 保单主题数据模型

- 保单基本信息表：财产保险公司保单的基本信息。

- 保单条款标的信息表：保单下所有条款和标的数据，通过条款与标的组合体现二者的关联关系，注意对虚拟保单需合并。

- 保单条款信息表：保单下所有条款信息，注意对虚拟保单需合并。

- 保单条款责任信息表：保单下所有条款及条款包含的责任，注意对虚拟保单需合并。

- 保单销售人员关联表：保单与销售人员的关联信息。

- 联共保信息表：保单下的联共保信息，一个保单可能对应一个或多个联保或共保方。

- 批改信息表：保单下所有批改的概要信息。

（2）产品主题

产品主题数据模型如图 14-9 所示，其概念实体如下。

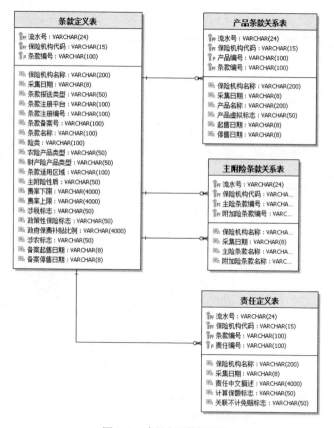

图 14-9　产品主题数据模型

- 产品条款关系表：财产保险公司自开业至今出过单的所有产品信息。

- 条款定义表：财产保险公司自开业至今出过单的所有条款信息。

- 主附险条款关系表：财产保险公司主险条款与附加险条款的关联关系。

- 责任定义表：财产保险公司条款的责任信息。

（3）客户主题

客户主题数据模型如图 14-10 所示，其概念实体如下。

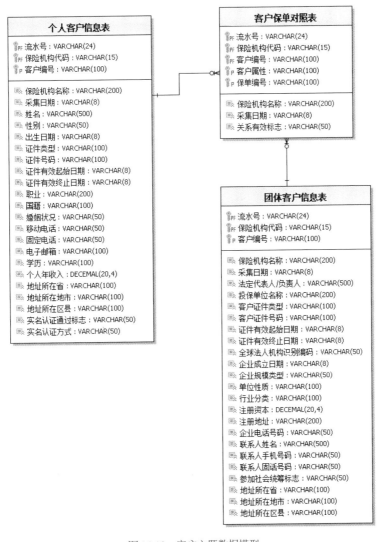

图 14-10　客户主题数据模型

- 个人客户信息表：财产保险公司记录的所有个人客户的基本信息，包括投保人与被保险人所涉及的个人客户信息，受益人在系统中以客户的形式进行存储。

- 客户保单对照表：财产保险公司所有客户名下的有效保单信息。

- 团体客户信息表：财产保险公司记录的所有团体客户的基本信息，包含投保时以企业或非企业组织形式投保留存的非自然人的客户信息。

（4）公共信息主题

公共信息主题数据模型如图 14-11 所示，其概念实体如下。

- 分支机构信息表：财产保险公司总部及分支机构信息，总公司需作为分支机构的第 1 层级。

- 股权信息表：财产保险公司所有股权的组成信息，对于上市公司，指持股 5% 及以上的机构及个人股东信息。

- 机构信息表：财产保险公司注册信息。

- 销售人员信息表：财产保险公司内、外部销售人员的信息，包含与公司签订劳动合同的销售人员。

- 员工问责信息表：财产保险公司总部及分支机构所有与公司签订劳动合同的员工的内部问责信息，包括在岗和离职员工。

- 员工信息表：财产保险公司总部及分支机构所有与公司签订劳动合同的员工信息，包括在岗和离职员工。董事、监事、高管等人员信息应包含在内。

- 中介机构签约信息表：财产保险公司总部及分支机构与合作的中介机构签约的险种及费率信息。

- 中介机构信息表：财产保险公司总部及分支机构合作的中介机构信息。

- 董监高履职信息表：财产保险公司总部及分支机构内所有属于银保监会监管的董事、监事、高管范围的人员履职信息。

- 董监高处罚信息表：财产保险公司总部及分支机构内所有属于银保监会监管的董事、监事、高管范围的处罚信息。

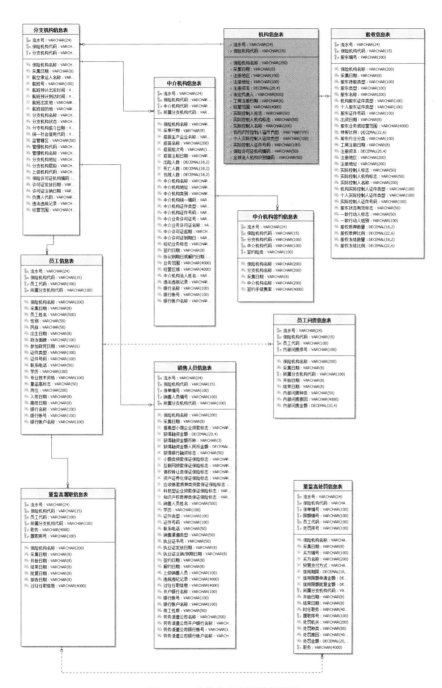

图 14-11　公共信息主题数据模型

（5）理赔主题

理赔主题数据模型如图 14-12 所示，其概念实体如下。

- 报案基本信息表：财产保险公司理赔业务中报案的相关基本信息。

- 立案基本信息表：财产保险公司理赔业务中立案的相关基本信息。

- 赔案基本信息表：财产保险公司理赔业务中赔案的相关基本信息。

- 追偿信息表：赔案信息的扩展实体，描述理赔过程中追偿环节产生的特殊属性信息。

- 直接理赔费用信息表：财产保险公司理赔过程中发生与某一特定赔案直接相关，能够直接确认到该赔案的费用信息。

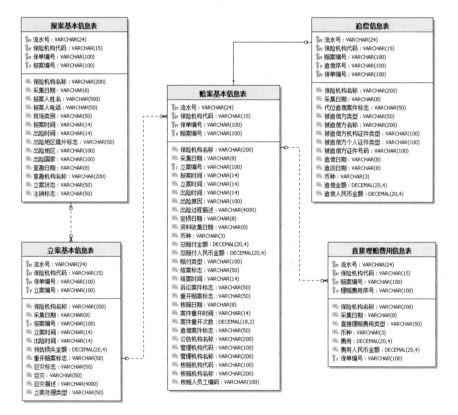

图 14-12　理赔主题数据模型

（6）保险专项主题

保险专项主题分为车险专项主题和企财险专项主题。

车险专项主题数据模型如图 14-13 所示，其概念实体如下。

- 车险保单扩展信息表：车险保单的专项信息。

- 车险标的信息表：车险保单中标的相关信息。

- 车险财产损失信息表：车险案件中财产的损失信息。

- 车险查勘信息表：车险案件中的查勘信息。

- 车险车辆损失信息表：车险案件中车辆的损失信息。

- 车险代收车船税信息表：车险代收车船税相关信息。

- 车险人员伤亡清单表：车险案件中人员的伤亡清单信息。

- 车险人员伤亡信息表：车险案件中人员的损失信息。

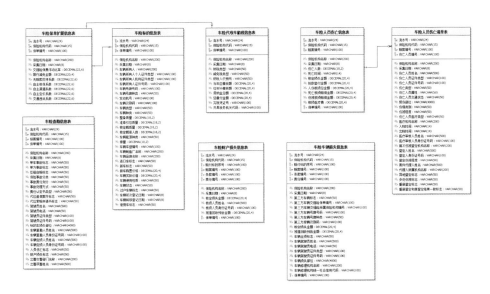

图 14-13 车险专项主题数据模型

企财险专项主题数据模型如图 14-14 所示，其概念实体如下。

- 企财险保单标的信息表：企财险保单标的的各项信息，如标的地址、占用性质、标的类型等。

- 企财险标的工程设备信息表：企财险标的工程设备的相关信息，如设备名称、设备品牌、车辆类型等。

- 企财险标的楼宇信息表：企财险标的楼宇的相关信息，如建筑物主体分类等。

- 企财险标的通用设备设施信息表：企财险标的通用设备设施的相关信息，如设备名称、规格型号、购置日期等。

- 企财险营业中断保险保单扩展信息表：企财险营业中断保险保单的相关信息，如已投保物质财产损失保险的保单编号、最大赔偿天数等。

图 14-14　企财险专项主题数据模型

14.3.2　人身保险公司版数据模型

人身保险公司数据模型的设计思路及参考模型与财产保险公司版数据模型相似，参考

《保险基础数据模型》及《保险业监管数据标准化规范（人身保险公司版）》标准，设计相关数据主题及数据实体，并将数据标准应用到数据模型实体上，有效保证数据规范性及数据质量。

对于人身保险公司版数据模型的设计，与财产保险公司数据模型相比，我们在定义数据模型中相关属性时需要充分考虑数据分类分组及数据安全，在业务定义中明确敏感数据的数据共享等处理方式。如针对个人客户姓名、个人身份证件号码、银行账户信息等敏感信息需在数据模型的实体中数据项属性定义上，明确敏感数据的处理方式，如个人客户姓名做有限暴露方式的脱敏处理、对个人身份证件号码进行变形处理等。同时，在数据项的管理属性上，定义数据归属及数据认责部门内容，从安全上定义数据项的共享级别。

根据《保险业监管数据标准化规范（人身保险公司版）》的要求，数据主题可分为公共信息、会计记账信息、客户信息、产品信息、承保信息、收付费信息、再保险信息、理赔信息、年金业务信息、投资业务信息、关联交易信息等主题。具体的数据模型设计方法可参考相关数据模型设计方法论，与财产保险公司数据模型的设计方法相似。

15

教育行业的数据架构及模型

本章介绍教育行业的数据架构及模型。根据教育行业业务特点将数据划分为 3 个数据域，分别是学校、教职工、学生。

15.1 教育行业信息化发展及现状

教育信息化是社会信息化的重要组成部分，也是教育发展的必然趋势。我国教育信息化经过近二十年的发展，取得了飞速发展。

随着教育信息化建设的不断深入，校园网建设日趋完善，校内业务快速发展，信息系统不断增多，业务数据量的规模也在急速扩张。出于业务拓展和条线管理的需要，校内各业务部门对决策信息的依赖程度不断提高，经常会有一些高灵活性、高多变性、高及时性的信息需求。由于业务口径不一致、数据质量低下，以及缺乏良好的数据统计，在业务方面积累的相关数据无法充分发挥作用，数据的及时性和准确性难以保证，给校内管理增加了难度。

因此，学校需要建立起一套完整、实用的数据标准化管理平台，统一管理数据标准和数据模型，以便进行数据资产的管理和应用。在数据中心中，数据模型和数据标准处于向上承接业务、向下引导数据的关键位置，它们是承载数据需求的元数据，是数据质量校验的对象，是形成数据质量规则的基础，也是数据集成与存储的起点。

通过建设数据模型，发现源系统的数据质量问题并制定相关的流程，从而避免数据质量问题，这样才能支撑高校业务功能的快速开发和实现。

15.2 数据标准化管理平台建设原则

数据标准化管理平台的正确建立和合理利用将直接影响学校未来的信息化发展，本项目建设遵循的原则如下。

（1）实用性和可行性：主要技术和产品必须具有实用、成熟、稳定、安全的特点，以提高系统整体运行效率为重点。

（2）先进性和成熟性：系统设计既要采用超前思维、先进技术和系统工程方法，又要注意思维的合理性、技术的可行性、方法的正确性，不但能反映当今的先进技术和理念，而且具有发展潜力，能保证在未来若干年内占主导地位。考虑到近年来应用系统发展的特点，先进性与成熟性并重，先进性应放在重要位置。

（3）开放性与标准化原则：平台应是一个开放的且符合业界主流技术标准的系统平台，并使网络的硬件环境、通信环境、软件环境、操作平台之间的相互依赖性小。

（4）可靠性和稳定性：平台应从系统结构、技术措施、系统管理等方面着手，确保系统运行的可靠性和稳定性，达到最大的平均无故障时间。

（5）可扩展性及易升级性：为了适应应用不断拓展的需要，平台的软硬件环境必须有良好的平滑可扩充性。

（6）安全性和保密性：在平台设计中，充分考虑信息资源的共享，注意信息资源的保护和隔离，应分别针对不同的应用和不同的网络通信环境，采取不同的措施，包括系统安全机制、数据存取的权限控制等。

（7）可管理性和可维护性：整个应用平台是由多个部分组成的较为复杂的系统，为了便于系统的日常运行维护和管理，要求所选产品具有良好的可管理性和可维护性。另外，平台自身也应具有可管理性和可维护性。

15.3　数据标准化管理平台建设目标

建设数据标准化管理平台是一项长期工程，该平台是支撑教育各个业务条线之间实现充分协作的信息共享基础架构，将确保学校信息资源开发利用方面实现数据一致性、规范性等，保证高质量数据源头建设，形成统一顶层设计，做到教育信息资源一盘棋、数据统一管控、统一开发利用，促进学校内部信息共享、业务协作效率和科学决策水平的进一步提升。

总体目标主要包括以下 5 个方面的内容。

（1）实现信息资源整合：信息资源规划的重要目标之一就是解决目前信息系统建设中重复建设的问题，达到信息系统的整合和集约。信息资源规划是信息系统顶层设计的一部分，能够从整体上对信息资源进行设计，并提供信息系统建设的标准和规范，这样信息系统就能够以此为标准进行适时、适度、逐步的整合，最终达到消除冗余、集约良性发展的效果。

（2）提高技术响应速度：业务需求的变化和技术的响应速度一直是一对矛盾，信息资源规划通过对信息系统，尤其是信息资源架构进行科学设计，可以增强信息资源架构的稳定性，当业务需求变化时，通过很少的数据结构和程序变动即可满足业务需求，这样不但提高了技术响应速度，而且能够增强系统的稳定性，降低故障率。

（3）实现信息共享：信息资源规划通过建设数据标准化管理平台，实现了数据的集中存储和计算，并实现了对外统一的服务接口。无论是对于学校内部的信息共享需求，还是外部的数据共享需求；无论是直接面向用户的共享查询，还是面向应用系统的数据服务，都可以通过数据服务共享平台来实现。

（4）实现大数据分析：学校要实现智能校园，必须实现学校信息系统的物联化、互联化、智能化，而其中最重要的就是智能化，即通过大数据分析，为学校准确决策提供信息支持。信息资源规划通过设计和实现数据共享服务平台，引入并行数据库、分布式数据库等大数据存储和计算技术，能够解决学校的大数据分析问题，达到数据用得好、决策准的业务目标。

（5）提升数据质量：信息资源规划通过设定标准规范、业务管理流程，能够规范数据的定义、存储、使用、传输、交换，使数据采集更加规范、数据传输更加准确高效、数据使用更加安全方便，利用各种管理流程和规范，大幅提升数据质量。

15.4　教育行业数据架构的统筹规划

在教育行业的数据架构中，通常各业务系统分隔管理，互不关联，互不相通，不能提供整体的业务支持，在数据服务的及时性、一致性、完整性上存在着严重的问题。一个合理的数据架构规划对教育行业来说可以解决业务的数据及时性、一致性、完整性及有效性，可以大大提高数据服务的效率，也可以满足业务部门在数据服务的严格要求。

15.4.1　数据架构设计

为了实现信息系统对教育行业业务的支持，设计更全面、更完整、更标准的数据模型，数据架构的设计是总体架构中非常重要的一环，相比于业务架构和应用架构，数据架构在总体架构中处于基础和核心地位。构建教育行业的 IT 总体架构时，首先要考虑数据架构对当前业务的支持。在规划逻辑上，理想的 IT 总体架构是由数据驱动的，即首先根据业务架构分析定义数据架构，然后根据数据架构结合业务功能定义应用架构，最后根据应用架构与数据架构的定义来设计技术架构。数据架构的"6 个统一"分别是统一数据规划、统一存储、统一计算、统一服务、统一接入、统一数据治理。数据架构设计图如图 15-1 所示。

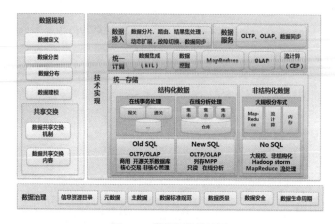

图 15-1　数据架构设计图

15.4.2　数据标准化管理平台架构设计

数据标准化管理平台是教育行业实现数据标准化、统一化管理的平台，该系统平台可以为数据中心提供元数据管理、数据标准管理、数据质量管理等功能。数据中心可以使用该平台实现数据的合理化使用，更加便利地为业务提供数据服务。在建立高质量的数据库时，需要依据该平台进行高质量的数据模型规划和设计，因此数据标准化管理平台的架构设计是构建数据架构中的重中之重。数据标准化管理平台架构设计图如图 15-2 所示。

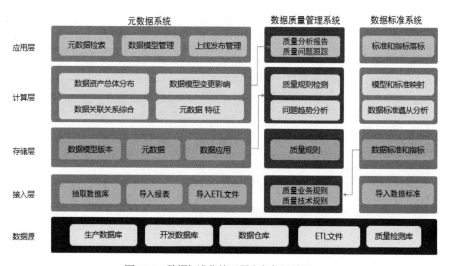

图 15-2　数据标准化管理平台架构设计图

15.5 教育行业数据建模前期的数据准备

数据建模的数据一部分来源于学校内各业务部门应用系统的数据库,这些应用系统的数据库形成了数据标准化平台的元数据,另一部分来源于教育行业数据标准或自定义数据标准。

15.5.1 元数据

第 11 章中介绍了元数据及元数据管理方面的内容。

基于元数据进行模型设计可以描绘业务的原始状态,业务信息的载体就是最基本的数据实体,首先建立实体把所有业务信息的含义清晰地展现在用户面前,再通过描述实体的操作来表达业务功能,灵活的信息描述能够实现企业信息的可扩展、可配置,并且实体间支持多种聚合的复杂关系。元数据与建模的关系如图 15-3 所示。

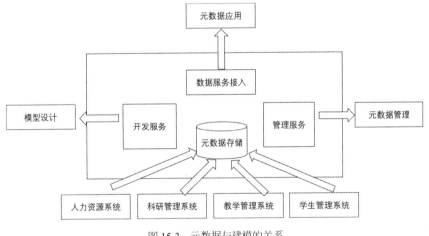

图 15-3 元数据与建模的关系

15.5.2 数据标准

数据标准是进行数据标准化、消除数据业务歧义的主要参考依据。数据标准的分类是从更有利于数据标准的编制、查询、落地和维护的角度进行考虑的。

数据标准规划一般分为基础建设阶段、全面实施阶段和整合提升阶段,如图 15-4 所示。

（1）基础建设阶段：该阶段是数据标准的初始阶段，重点为政策、组织、流程的规划和建设，团队建设和经验积累，数据治理领域内容建设。

（2）全面实施阶段：该阶段是数据标准的实施阶段，重点为对已有建设成果的完善，继续数据治理内容的建设，并开始管理系统的建设。

（3）整合提升阶段：该阶段是数据标准的提升阶段，重点为对已有成果的完善、优化和推广。

图 15-4　数据标准规划

教育行业数据的数量成千上万、内容纷繁复杂，在制定标准时，如果不加筛选地使用全部数据，必然会耗费大量的时间和人力。为了使数据标准定义工作能利用有限资源获得最好的效果，需要对数据项制定优先级，先对重点关键数据项制定标准，因此对关键数据项的筛选必不可少。数据标准的制定包含以下三要素。

（1）共享性：具有共享性的数据项是指被多种业务所共享或使用的数据项，这类数据项具有通用性。数据项的采集、使用、更新涉及多个业务部门，但各部门的信息角色可能不同，其中存在于多个业务系统或被多个部门引用的数据项可被判定为具有较高的共享性。

（2）重要性：具有重要性的数据项是指在业务操作或应用系统中比较关键或重要的数据项，其判断依据包括业务规范中提及的数据项、对外服务中提及的数据项、重要规章制度或发文中提及的数据项,以及被业务部门和技术部门认定为重要的数据项、分析人员基于自身业务经验判断被认定为重要的数据项。

(3)可行性:数据项是否具有可行性取决于评价数据项的定义和口径是否可以很容易地被用户理解或使用。过于复杂或抽象的数据项不适合进行标准化定义,我们可以通过使数据项具备可行性,确保未来数据标准可被业务用户使用。评判准则包括数据项是否在系统中已实现、数据项是否在业务部门分析报告中引用等。

15.6　教育行业的数据模型设计

数据模型是对现实某些数据特征的抽象,任何一种数据模型都是严格定义的概念的集合。这些概念描述了系统的静态特征、动态行为和约束条件。

教育行业的数据模型设计可根据应用系统自身的元数据和制定的数据标准,选择自己需要的数据元素,扩展新的数据元素,并确定相应的分类。

数据模型的设计应遵循以下原则。

(1)可扩展性原则:既要满足现有的业务需求,同时要充分考虑未来业务发展的需要,数据模型应具有较高的可扩展性。

(2)效率性原则:应充分考虑最终用户的查询分析速度和数据抽取、转换和加载的时间,满足软件需求分析说明书规定的性能需求,保证系统具有较高的运行效率。

(3)先进性原则:应充分考虑当今数据库技术和数据建模技术的发展动态,保证数据模型的设计方法、设计过程、设计结果的科学性和先进性。

(4)可维护原则:数据模型应具有较强的可读性,便于项目业务人员和技术人员理解,项目投入运行后便于技术人员维护。

数据模型设计一般分为3步,分别是需求收集、需求分析、模型设计。

(1)需求收集:主要有两种方法,一种是由数据源驱动的需求收集方法,该方法即通过分析数据源来定义需求;另一种是由需求驱动的需求收集方法,主要通过用户访谈和用户讨论来实现。我们一般可采用将两种方法相结合的方法完成业务需求的收集工作,本期项目未能实现的业务需求也要反映在逻辑数据模型中，以保证逻辑数据模型的扩展性。

（2）需求分析：通过对需求收集结果的分析和整理，初步建立反映用户需求的多维数据模型，它是将来模型设计的首要依据。需求分析的结果包括业务分析所需的事实、指标、维度，以及维度的层次、分析粒度，表示业务需求的多维数据模型和数据模型中涉及的数据元素目录。

（3）模型设计：模型设计一般采用逻辑模型设计和物理模型设计两种方法。

逻辑模型设计需要确定主题域。通过对业务需求的分析，可以发现数据围绕某些主要概念聚集，这些主要概念称为主题域。主题域是对业务需求的高度概括，是指数据模型中相似特性数据组成的数据子集，每个主题域表示业务分析所需的某一方面信息，如学生基本信息、教师基本信息、课程信息、专业信息等。传统的教育数据模型一般涉及 2 个基本主题域，即教师基本信息和课程信息，这些主体域之间相互关联。在进行数据模型设计时，要根据学校的实际情况对该模式进行重新定义和扩展。

逻辑模型设计中最关键的一点是必须确定主题域之间的关系，主要关系类型包括一对一、一对多，以及多对多。确定每个主题域中包括哪些实体，并确定实体之间的关系。关系的类型包括关系是依赖的还是非依赖的，关系是一对一、一对多还是多对多。确定每个实体中的属性，包括名称、数据类型、长度、取值范围、是否为主键等。确认逻辑模型，通过检验逻辑模型是否能够满足业务需求来完成。

物理模型设计通常从逻辑模型转化而来，根据数据业务的具体特点，可将逻辑模型中业务不需要的实体和关系进行标记，然后通过建模工具将逻辑模型转换为物理模型。

15.7 教育行业的数据模型

根据教育行业的业务特点，教育行业数据模型被划分为 3 个数据域，分别是学校、教职工、学生。

15.7.1 学校主题数据模型

从学校的管理角度上来看，学校概况可分为学校基本数据类——学校基本信息，校区基本数据类——校区基本信息，学校委员会（领导小组）数据类——委员会小组信息、委员会小组成员信息，院系所单位数据类——院系所属单位信息、院系所单位变动信息、院系所属单位概况信息，班级数据类——班级基本信息，学科点数据类——学科点基本信息、学科点统计信息。根据这些数据类型，可形成学校主题数据模型，如图15-5所示。

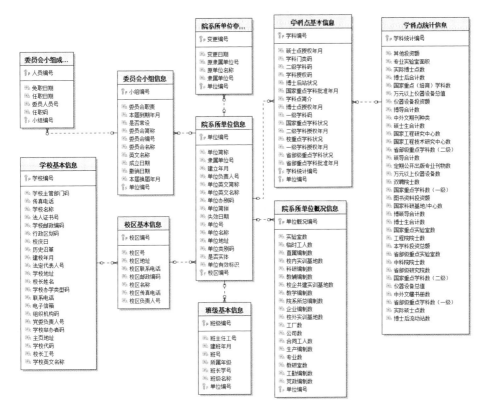

图 15-5　学校主题数据模型

15.7.2　教职工主题数据模型

教职工是学校管理工作中必不可少的组成部分之一，围绕教职工的业务信息有教职工的基本信息、个人通讯方式、家庭通讯方式、家庭经济情况信息、家庭成员信息、政治面貌信息、学习简历信息、工作简历信息、学历学位信息、语言能力信息、奖励信息、处分信息。这些数据业务信息充分体现了学校教职工的业务内容，为学校管理教职工及开展校园业务提供有力的数据支撑。教职工主题数据模型如图15-6所示。

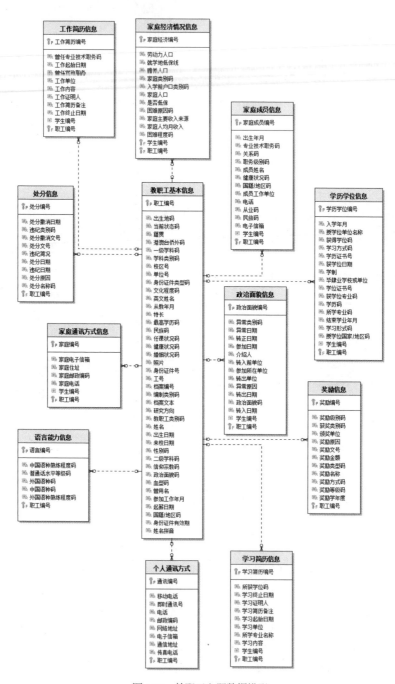

图 15-6　教职工主题数据模型

15.7.3　学生主题数据模型

学校的基础建设和业务规划离不开学生相关的数据业务,一个良好的学生数据模型规划设计是学校持久发展及业务规划决策的坚实的基础。学生的模型规划设计可以从 4 个方面考虑,一是学生基础数据模型,该数据模型主要规划学生的基本信息及学生相关的业务内容;二是学生就业数据模型,包括用人单位需求信息、网上招聘信息及招聘会信息;三是本专科生新生模型设计,在高校管理中,本专科生新生入学信息是重中之重,每年的学生录用都是学校必不可少的一个环节;四是研究生招生数据模型,研究生是国家的高级人才,在研究生院系中,每年需要根据学生的报考及考试情况进行招生考核及人才筛选。

1．学生基础数据模型

与学生相关的业务有学生基本信息、工作简历信息、政治面貌信息、学习简历信息、学历学位信息、家庭通讯方式信息、家庭成员信息、联系人信息、家庭经济情况信息、户口状况信息、奖学金信息、助学金信息、临时困难补助信息、勤工助学信息、伙食补贴信息、绿色通道信息、学费减免信息、校内无息贷款信息、助学贷款发放信息、其他资助信息、学费补偿与贷款代偿信息、学费补偿与贷款代偿发放账号信息、学费补偿与贷款代偿发放信息、社团信息、学生研究训练活动信息、课外赛事信息、军训信息、预征入伍信息、社会实践活动信息、三助活动信息、社会工作信息。这些业务活动全部围绕学生的基本信息进行展开,所以学生基本信息与其他相关业务之间是一对多的关联关系。学生基础数据模型如图 15-7 所示。

2．学生就业数据模型

学生就业数据模型中包括用人单位需求信息、用人单位网上招聘信息及招聘会信息,如图 15-8 所示。

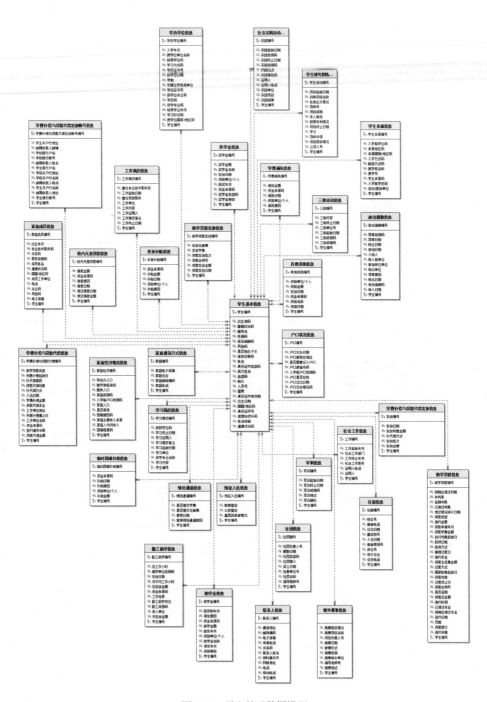

图 15-7　学生基础数据模型

图 15-8　学生就业数据模型

3．本专科生新生数据模型

本专科生考生信息、本专科生录取信息、本专科生考生科目成绩、本专科生新生测试成绩、本专科考生总分共同组成了每年入学的新生的基本情况。本专科生考生信息与其余业务之间存在一对多的关联关系。本专科生新生数据模型如图 15-9 所示。

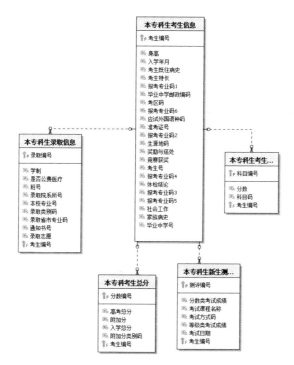

图 15-9　本专科生新生数据模型

4．研究生招生数据模型

研究生报名信息这项业务记录了研究生考试前的报名详情。对于学校来说，研究生招生信息是研究生入学复试基本要求、研究生录取信息、研究生调剂录取信息及研究生入学考试成绩等业务实现的基础，它们之间是一对多的关联关系。在研究社入学前的考试过程中，涉及研究生的考试科目、研究生入学考场信息、研究生考试监考老师信息这 3 个业务活动，它们之间依次为一对一的关联关系。在研究生录取时，研究生招生计划又是录取信息的基准之一。研究生招生数据模型如图 15-10 所示。

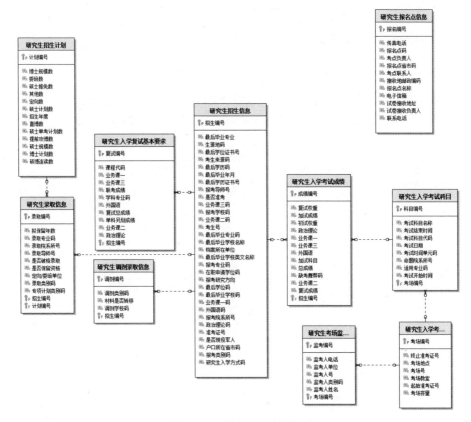

图 15-10　研究生招生数据模型

16

航空公司的数据架构及模型

本章介绍航空公司数据架构及模型。根据业务属性将航空公司的数据划分为 14 个数据域，分别是定价、座位库存、订座、机票、客户、销售、财务、维修、航班运行、飞机与设备、航班计划、IT、员工和位置。

16.1　航空公司业务与信息化

对于航空公司来说，尽管客货运输的主营业务并没有改变，但是旅客购票、出行等行为却正在发生巨大的变化。在这个过程中，航空公司也在努力改变，以适应这些变化，其中，IT 技术支撑成为核心能力之一。航空公司的信息化、数字化和数字化转型战略就是用来指导和构建这项核心能力的。

航空公司的数字化，是指对构成业务运营的流程和角色进行数字化，让业务和技术真正产生互动，从而改变传统的商业运作模式，并以此创建新的业务模式。航空公司的数字化转型不仅需要实施信息技术，实现企业全面数字化，营造满足旅客和企业客户个性化需求和期望的体验，还将牵涉公司的组织变革，包括人员与财务、投入产出、知识与能力、企业文化是否能接受或适应转型。可见，这一过程不仅是对业务及其战略进行数字化改造，更是一种思维方式的转型，甚至颠覆。

16.1.1　航空运输业务概览

航空运输是指承运人使用航空器对旅客、行李、货物、邮件实现位移的全部活动，特指运行定期航班的商业航空。航空运输包含航空公司、机场、空中交通管制三大运行系统。航空公司主要负责开展航空运输飞行，是航空运输系统的核心环节之一。商业性机场的主要功能有两个，一是为航班的飞机服务，提供起飞、着陆、地面作业、技术经停等活动，以及提供维护、通信导航、空中交通管制、航空气象、航空情报等各种技术服务；二是为旅客、货物及邮件提供运输和商业服务。空中交通管制系统分为交通管理、导航、通信、飞行情报、气象等子系统，主要职责是从停机坪撤离飞机的轮挡开始，为飞机滑行、起飞、爬升、巡航、下降、着陆、滑行到地面的停机坪加上轮挡为止的飞行全过程做好管制服务。

航空公司的生产组织过程主要包含航班计划、市场销售、飞行的组织与实施。航班计划是规定正班飞行的航线、机型和班期时刻的计划，也是航空公司最重要的生产作业计划。从飞机调配、机组排班，到座位销售、地面运输服务组织，航空公司运输生产过程的各个环节都要依据航班计划进行组织与安排。市场销售即根据航班计划，由航空公司市场销售部门及销售代理在公布的订座期限内，进行航班座位销售。飞行的组织与实施围绕旅客和飞行，一方面为安排出港旅客登机，接收旅客行李交运，同时机场有关部门对旅客和行李进行安全检查，提供候机服务和查询服务；另一方面为安排进港旅客下机，提供卸运行李及领取行李服务。

有些航空公司包含货运业务部门，负责货物运输。一些大型航空公司会设立货运公司，专门经营航空货物运输。近几年，不少快递公司或物流公司也纷纷设立航空货运公司。货物运输方式既有使用专门货机运输，也有利用客机腹舱运输。货物从大类上可分为航空邮件和货物，托运行李属于旅客服务范畴，由航空公司地面服务部门负责。航空货运生产过程大致分为货物收集、进港、运送、到港和交货等阶段。

16.1.2　航空公司信息化发展

自1914年，世界首个固定翼民航航班从美国佛罗里达州圣彼得斯堡起飞前往坦帕，世界民航已有一百多年的历史。早年航空公司的飞机少、航班少、乘客少，运营依赖手工。

随着航空公司规模越来越大和计算机技术的发展，20 世纪 60 年代末开始，美国、欧洲等国家的航空公司相继建立了以订座控制和销售为主的计算机系统（ICS）。到 20 世纪 70 年代末，为满足代理人销售多家航空公司机票的需求，产生了与 ICS 相连的代理人分销系统（CRS）。进入 20 世纪 80 年代末、90 年代初，随着航空企业的联合或联盟，CRS 逐步演变为全球化、具有运输、旅游等多种服务功能的代理人分销系统（GDS）。目前，国外 GDS 占有市场份额较大的有 AMADEUS、GALLEO、SABRE，国内 GDS 有中航信的 TRAVELSKY。通过 GDS，旅客可以在任何一家机票代理门店购买全球航空公司的机票和旅游产品。20 世纪 80 年代，欧美航司建立了全公司统一的运行控制系统，以每天的旅客服务和不正常航班处理为重点，以公司最大效益为目的的集中飞行控制系统。20 世纪 90 年代，美联航率先推出电子客票，由此旅客可以在线订票并完成支付，然后携带证件就可到机场办理乘机手续。

中国民航的发展自"两航起义"①开始，至今已有 70 余年的历史。从 20 世纪 90 年代开始，开启民航信息化的基础设施建设、重要信息系统开发和运行。航空公司信息系统可以分为三类，分别是专用系统、通用系统和通信系统，如图 16-1 所示。专用系统面向航空公司的主营业务，支持航空公司的日常运行。专用系统又分为内务系统和外部系统，内务系统是航空公司自己使用的系统，外部系统是跨航空公司的业务系统。通用系统面向航空公司的主要职能部门和管理部门，提供自动化管理手段和决策支持。通信系统作为航空公司与外界进行数据交互的接口，它既是获取报文、航行情报、气象等外部资源的通道，也是航空公司向外界发布信息的主营渠道。

近几年，随着中国民航不断自我变革及中国互联网化的发展，中国民航的信息化水平快速提升，陆续推出了电子登机牌、电子发票、一证通关、一脸通关等创新服务，服务水平不断提升。

---

① 两航起义发生于 1949 年 11 月 9 日，是中国共产党领导下的一次成功的爱国主义革命斗争。"两航"系原中国航空股份有限公司与中央航空运输股份有限公司的简称。

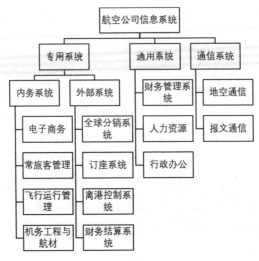

图 16-1 航空公司信息系统分类

16.2 民用航空行业数据标准

民航运输服务是一个高投入的产业，无论运输工具，还是其他运输设备都价格昂贵、成本巨大，因此其运营成本非常高。航空运输业由于技术要求高，设备操作复杂，因此各部门间的依赖程度高，完成一次"空间位移"需要多方协同。跨国境运输在服务、运价、技术协调、经营管理和法律法规的制订实施等方面更加复杂。为此，国际航空运输协会（IATA）和国际民用航空组织（ICAO）等国际组织制定了一些业务程序和标准，帮助航司、机场、空管及各国管理机构更好地协同工作。目前，国际上比较成熟的数据标准有报文规范、NDC 标准，这类标准都是数据接口标准，定义了不同单位之间数据传输的格式。国内民航局也发布了《中国民航航班运行数据开放资源目录》，即将发布《智慧机场数据规范与交互技术指南》，这些文件对航空运输相关单位制定数据标准和数据模型设计有很好的借鉴作用。相关介绍见附录 D。

16.3 航空公司数据架构

欧美航空公司的数据架构发展较早，达美、法荷航、汉莎等大型航空公司早在 2000

年左右就开始应用 TOGAF 开展架构设计。国内三大航空公司从 2014 年开始陆续启动企业架构工作，通过顶层设计将信息技术与航空业务融合，推动传统商业模式开展数字化转型。

16.3.1　国外航空公司

欧美大型航司的企业架构应用和治理能力比国内航司领先较多，它们大多配备了专职的业务、数据、应用和技术架构师。其中，业务架构师由业务专家担任，他们负责自上而下地分解各自领域内的业务流程，识别价值链和驱动事件，与数据架构师和应用架构师协作，完成业务流程、数据实体和应用系统功能的映射。个别航司还有专职的数据建模团队，全权负责各个应用系统与数据仓库的数据模型设计。架构师还分为企业级、领域级、系统级和解决方案级，他们在架构治理流程和项目管理流程中互相协作，以保持企业架构的发展。

欧美大型航司的历史比较悠久，其核心业务系统也颇有历史，不少还使用着大型机，由为数不多的 C 语言老工程师小心翼翼地"伺候"着。为了让这些老系统满足互联网营销的发展需要，他们在这些老系统外面打造了数据共享中心和业务规则引擎。数据共享中心包含航班、客户、订座、气象等多个数据主题，这些数据来自核心业务系统，根据数据主题实时汇集或缓存形成。数据共享中心剥离了核心系统的数据分发职能，使其更专注于核心业务。通过标准化的数据分发服务，将系统间的关系解耦，使得系统间的数据联动安全可控。业务规则引擎统一管理系统间的业务流程规则，结合业务服务化，灵活配置系统间的数据联动。

值得一提的是，国外航司对服务化的重视程度非常高，大多数航司会有服务化管理团队，负责企业 Open API、SOA 及微服务的管理与实施。达美、法荷航、英航等头部航司 2016 年前后就已建立 Open API 的生态合作模式。API 天然具有的共享特征，决定了其最大化输出可利用价值的有效机制。API 也是大数据采集的最佳模式，外部数据均可以采用 API 的形式获得，通过数据整合、处理、挖掘形成分析、洞察和决策的依据。同时，API 也是大数据分享的手段，通过服务将洞察结果分享给合作伙伴、管理人员及客户。

如图 16-2 所示，国外航空公司将数据共享中心、业务规则引擎与服务化的结合类似业务中台，把可复用的功能或能力进行标准化、模块化，解决老系统"封闭"和"笨重"

的问题，快速响应前端需求。目前国内对业务中台的关注也可以理解为对业务系统服务化重构的需求。

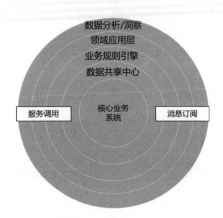

图 16-2   国外航空公司的系统架构

分析型数据架构的典型模式是数据仓库，业务系统中的数据、数据共享中心的数据及外部数据定期向数仓汇集，按数据域组织以满足跨域的数据分析需求。国外航司成熟的数据架构都自上而下定义了数据域、数据子域、数据实体和数据属性，虽不尽相同，但大体类似，如图 16-3 所示。以达美为例，顶层数据域有客户、订单、员工、航班计划、票证等 14 个。

图 16-3   国外航空公司的数据架构

16.3.2　国内航空公司

对于国内航司的信息化，可以将"互联网+"的提出作为一个分水岭。在"互联网+"提出之前，航司大多经历了电子化、信息化阶段，完成了基础业务系统的建设；在"互联网+"提出之后，航司陆续进入了数字化时代，纷纷提出业务数字化和数字业务化战略目标。

数字化转型首先要做的，就是对数据的集成和管理。一方面，航司需要把积累的数据进行集成分析，让数据发挥价值；另一方面，航司需要把各个模块中零散的数据打通，实现数据之间的交叉分析，让数据在航司的生产经营决策中发挥更大的作用。其次，数字化转型要将业务、技术和数据充分融合，立足打造数字化旅客、数字化员工、数字化飞机等数字化流程与场景。

国内航司在数字化转型过程中纷纷成立了数字化转型相关的领导机构和部门，并且将企业架构作为手段，将业务流程作为核心，一切数据和应用都以端到端的业务流程为基础。通过梳理业务流程，航司找到了业务和 IT 的共同语言，看清了公司的业务全貌，实现了业务流程与业务战略的一体化，为信息化建设提供了依据。有些航司在提升直销比例、做精旅客服务的推动下，参考互联网公司的中台架构规划设计了双中台和旅客出行平台，如图 16-4 所示。通过业务中台沉淀业务能力，提炼共性业务服务，根据旅客出行的不同场景快速整合业务能力。微服务应用支持快速创新，让研发更灵活，业务更敏捷，以应对未来不可预知的市场变化。通过数据中台实现 OneID（一个用户账号）、One Data（一个数据平台）、One Service（一个业务平台），将数据关联整合，解决企业数据孤岛，同时为前端应用提供智能化分析和计算能力，为业务系统瘦身。

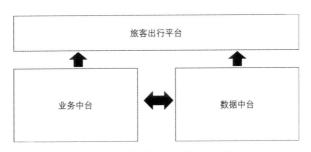

图 16-4　国内航空公司的中台架构

根据企业架构的工作方法，数据架构负责承接业务架构，指导应用架构。数据架构也是数据中台规划设计的核心。对业务流程的梳理一般从跨领域的企业级流程入手，其次是跨子领域的流程，再次是业务系统相关的流程。在业务流程的基础上，通过识别各节点输入和输出信息，形成数据实体。为了配合业务流程的分级梳理，数据架构也分层进行了组织，包含主题模型、概念模型、详细模型和系统模型。主题模型描述了数据模型的范围、模型类型和关系。概念模型中包含了企业核心的业务对象，也是企业中高共享度的数据实体。针对这些数据实体，建立主数据和数据共享平台，提升源头质量，优化数据流向，有利于打破数据孤岛，提升数据一致性。概念模型描述了业务线、业务关系和概念视图。详细模型通过范式展示实体、属性及关系。国内航空公司的分层数据架构如图 16-5 所示。

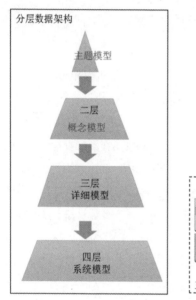
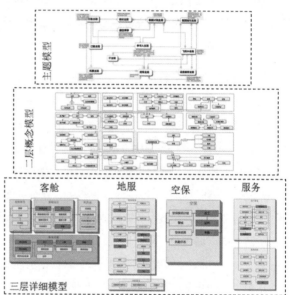

图 16-5　国内航空公司的分层数据架构

航司的主数据一般包括航班、飞机、客户、员工等。其中，航班主数据引出了对主数据定义的争论。一种观点认为航班不属于主数据范畴，因为传统主数据的特征是变化缓慢，而航班数据的变化比较大，比如航班时刻的调整、登机口变更；另一种观点认为航班存在于航司绝大多数业务流程和业务系统中，共享需求非常大，符合主数据的共享特性。如果把航班作为航司向旅客提供的产品载体，航班五要素（航班日期、计划起飞机场、计划到达机场、承运人和航班号）是比较稳定的，符合主数据的缓慢变化特性。

16.4　航空公司数据模型

本节提到的航空公司数据模型结合了 Oracle 和 OpenGroup 发布的航空运输行业参考数据模型，以及国内航空公司的数据建模情况。数据模型分为 3 个层次，分别是主题模型、概念模型和详细模型。

航空公司主题模型如图 16-6 所示。根据业务属性的不同，将航空公司的数据划分为 14 个数据域，分别是定价、座位库存、订座、机票、客户、销售、财务、维修、航班运行、飞机与设备、航班计划、IT、员工和位置。

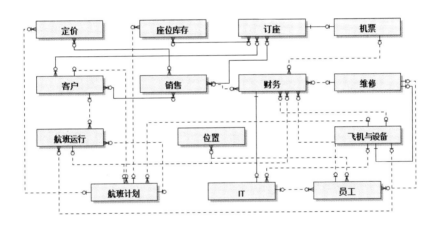

图 16-6　航空公司主题模型

定价、座位库存域是航空公司收益管理涉及的核心数据。收益管理有两大核心，一是通过放大库存，超过飞机可销售座位数接受订座（即超售），避免由于旅客取消或者临时取消引起的座位虚耗，从而使座位能够得到充分利用；二是通过"多等级票价和座位优化分配"，把所有产品以尽可能高的价格出售。航司通常会有收益预测系统和市场监控引擎，实时跟踪竞争对手价格，及时调整舱位和库存水平。

销售、订座和机票域包含了航空公司的销售过程数据。航司通过对市场和客户的分析，设计多样的产品与附加服务。不少航司与租车、酒店、旅游等第三方公司合作，为客户提供出行套餐。客户通过销售渠道了解产品，完成订座后获得机票等服务票据。

航班运行域包含围绕飞机、旅客、行李展开的一系列生产运行活动数据。生产运行活动以航班为主线，以串行或并行的方式执行，必须完全遵照预先制定的时间计划。完成这些活动既要在时间和空间维度上进行协调，又需跨部门共同努力。运行活动涉及的工作人员包括驾驶舱与客舱机组、维修人员、票务、登机口人员、牵引或推出人员、行李员、供餐员及加油员，他们的共同目标是在安全运行的基础上保障服务质量，使飞机在地面的停留时间最小化。

航班计划域包含航空公司最重要的生产作业计划数据，涉及航线网络、自有航班及外航航班计划、代码共享等数据。通过对主题域内的业务和数据进行梳理，形成航空公司概念模型，如图 16-7 所示。

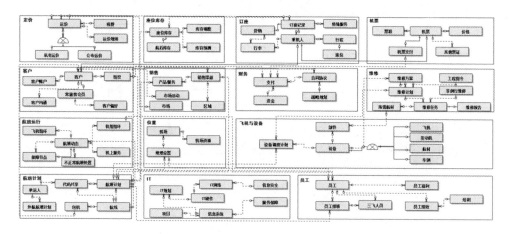

图 16-7　航空公司概念模型

16.5　概念模型的组成

下面挑选一些领域讲述概念模型的组成。

1. 座位库存与运价领域

座位库存与运价领域数据模型如图 16-8 所示。

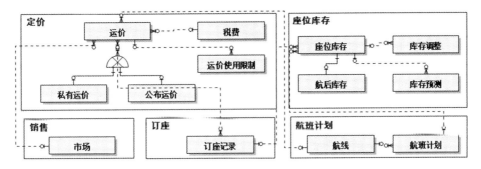

图 16-8　座位库存与运价领域数据模型

航空公司的运价有多种类型，例如公布运价和私有运价、国际运价和国内运价、客运运价和货运运价、正常运价和特种运价、普通运价和比例运价。运价指定了使用此价格的航路，单程、往返程、缺口程航路的价格各不相同。运价规则描述了与运价关联的限制条件，例如团队限制、航班限制、季节限制、退票改期限制、签转限制等。

航空公司的运价决定了机票的价格，客户在购买时还需要支付额外的税费。税费由国家制定，不同国家对于国际机票税收的要求不同。我国的机票税费包括机场建设费和燃油附加费，其中燃油附加费会经常调整。国际机票的税费包括机场建设费、战争保险费、燃油附加费，以及代各国政府收取的门户城市出入境税、检疫税等。

航空公司的库存管理用于决策某个航班的某个舱位在某个时刻开放多少座位，与运价管理互相配合为航空公司谋求最高的收益。座控员从航班可销售的那天起就开始监控同航线竞争对手的价格和销售情况，同时利用历史销售数据预测该航班的需求走势，形成对库存的预测。座控员通过对数据的分析和个人经验，实现对航班上各舱位的可销售座位数的控制。

2. 销售、订座和机票领域

销售、订座和机票域数据模型如图 16-9 所示。

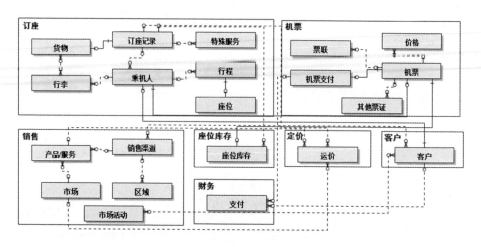

图 16-9　销售、订座和机票域数据模型

航空公司有多种销售渠道，主要分为直销渠道和分销渠道。直销渠道有航司自己的官网、App、呼叫中心、营业部等；分销渠道有线上 OTA、线下代理人等。航空公司的销售管理以区域性管理为主，通常将国际、国内分为多个片区。各片区销售部门关注当地市场份额、代理人销售情况、大客户发展情况等。航空公司也会针对不同客群开展市场活动，推广产品与服务。例如，东航每年举办年度会员颁奖盛典、产品推介会；新冠肺炎疫情期间，东航推出的"随心飞"等就是比较成功的市场营销活动。随着客户画像越来越精准，不少航空公司推出了个性化服务营销，按照消费者价值水平和消费需求的不同，提供个性化产品和服务。

对于客户来说，无论通过直销渠道还是分销渠道购买机票，预订过程都是一样的。首先由客户发起航班的搜索请求，包括单程、来回程、多航段等，系统根据航班的剩余座位数量和舱位等条件匹配运价计算价格，返回查询结果，有时系统还会根据客户喜好推荐附加服务。客户选定航班和相关产品服务后，后台立即生成订座记录，包含乘机人、行程、特殊服务等信息。完成支付后，客户就获得了机票。完成值机后，订座记录上会增加座位和行李的信息。一些见过纸质机票的乘客应该还记得那时的机票有好几页，每页就是一张票联，每张票联上显示了一段行程的信息，乘坐这段行程时，相应的票联就被撕掉了。

3. 客户领域

客户领域数据模型如图 16-10 所示。

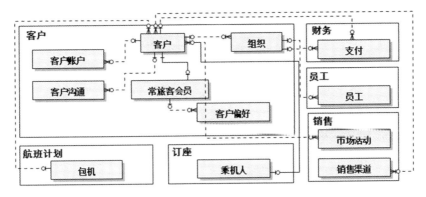

图 16-10   客户领域数据模型

几乎所有航空公司都会向客户推出以里程累积或收益累积奖励的常旅客计划。常旅客计划是航司经营战略的重要组成部分，不仅用于吸引客户增加消费次数，也是企业与客户情感联系的纽带，能够满足客户长期的消费需求，将消费者变成忠诚客户。

航空客运行业竞争激烈，在产品日益同质化的今天，要想吸引客户，除硬件环境外，还必须要知晓客户所好，并设法投其所好，这样才能开发出满足客户的产品和服务。常旅客计划最关键的是需要拥有完善、精准的数据，不仅用于计算常旅客积分，还用于统计分析常旅客的消费特征、消费习惯、需求特点、特殊偏好等具体信息。这需要在各个接触点加强对客户信息的收集和整理，记录所有客户的行为，从而为航空公司提供精准而完整的客户画像。

大部分航空公司开设了客户服务热线，在飞机上准备了客户留言卡，有时还会开展市场调研，倾听客户的声音。随着技术的发展，航空公司与客户的互动沟通方式从传统的呼叫中心、短信通知，逐步转变为社交互动、智能客服。航司与客户的沟通越来越主动，客户与航司的沟通越来越容易。航司通过对客户投诉与建议的分析，一方面了解客户需求和客户特征，另一方面掌握产品优势与不足，以便优化产品和服务。

4. 机务维修

机务维修数据模型如图 16-11 所示。

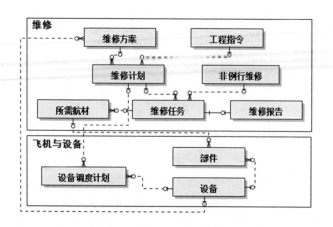

图 16-11　机务维修数据模型

维修方案和工程指令是制定飞机维修计划的主要依据。维修方案由航空公司工程技术部门根据飞机制造厂家提供的维修计划文档及适航当局颁发的适航指令，结合自身多年的维护经验编写而成。工程指令是根据飞机和部件制造厂商的服务通告编写并颁发的。

维修计划分为长期维修计划、中期维修计划、短期维修计划和航线维修计划。未来 3 年到 5 年的维修计划（例如飞机的 D 检）是长期维修计划；未来 1 年或 18 个月的维修计划（例如 C 检）是中期维修计划；周、月、季度性的维修计划是短期维修计划。航线维修计划与航班计划密切相关，在飞机执行航班期间，对飞机进行航前、短停过站、航后及周检的例行检查，故障排除及勤务工作。例如，维修必须与维修对象（飞机、地面车辆等）的调度计划协同，以便在保证设备安全可靠的前提下，保持设备利用率在较好水平。

机务维修通常按计划执行，但如果在执行过程中检查出了新问题或者飞机在运行中发生了问题，那么针对新问题的维修将作为非例行维修被纳入维修任务。

5. 航班计划与运行领域

航班计划与运行领域数据模型如图 16-12 所示。

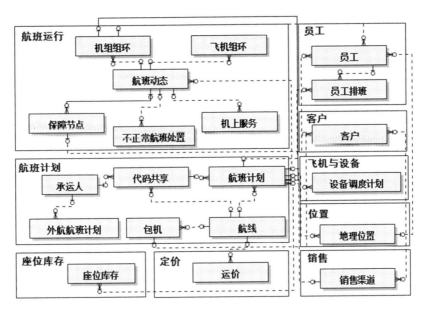

图 16-12　航班计划与运行领域数据模型

如果航空公司的航线网络仅由自己的机队飞行,那么很难满足客户飞往全国各地甚至世界各地的需求。为了扩大自己的航线网络,航司会采用与其他航司开展代码共享的方式。例如,A 航司有云南—大理的航班,B 航司只有上海—云南的航班,但共享 A 航司的云南—大理航班后,B 航司作为该航班的销售方,就拥有了上海—云南、云南—大理的航班,在不额外增加飞行资源的情况下,B 航司就在自己的航线网络上增加了目的地。

出于市场分析和商务合作需要,航空公司会采集其他航空公司的航班计划。除了运行定期航班,航空公司还为客户提供不定期的包机服务,可以不定期开航、不定航线、不定始发站、不定目的港、不定途经站。例如,在 2020 年新冠肺炎疫情期间,深圳南山、世邦集团组织了复工反岗的包机。

航空公司一旦确定在某个市场上的航班班次,并据此制定了航班计划,便可决定在哪些市场上参与竞争及如何运营。但航空公司面临很多限制条件的制约,包括机队的构成、机组及飞机检修基地的位置等。航空公司使用运筹学来解决飞机及机组编排和排班问题,优化飞机编排,为每个航班安排合适的机型,实现利润最大化。优化机组排班为每个航班分配合适的飞行员和客舱人员,目标是使成本最低。

飞机降落到机场后，要完成一系列针对飞机的保障任务，包括靠桥、保洁、配餐、加油、排污、加清水、除冰、拖车等。同时，针对进出港旅客的服务也在同步进行，其中对进港旅客的服务包括客梯车、摆渡车、下客等，对出港旅客的服务包括值机开放、摆渡车、客梯车、登机、值机关闭等。还有针对行李的保障，包括进港行李的卸货、传送，出港行李的收验、分拣、装车、装机等。除此之外，还有机组到位、机务维修人员到位、机务放行等。这些保障任务和旅客服务的开始、结束时间被记录为航班的保障节点，用来监控地面服务进度是否正常。一旦保障节点的实际开始、结束时间与计划时间发生偏差，机场、航空公司和空管都会采取应急措施，竭尽全力保障航班正常起飞。

由于机组、飞机、登机口、降落时刻等资源短缺，航空公司制订好的航班计划会无法执行，造成不正常航班。当发生航班延误或中断时，航空公司运行控制中心的控制员会基于整个航空公司航线网络运营的最新实时状态信息，做出重新分配资源、调整航班计划的决策，以及可能最优的方式修复被打乱的航班计划，让航空公司能够恢复到正常的计划运营状态。

16.6 航班运行领域数据模型

航班运行是航空公司的核心业务，其中航班动态、保障节点是航空公司与机场、空管等航空运行系统共享度较高的数据。

航班运行以航节为单位，例如 MU5933 航班从上海飞迪庆经停昆明，这个航班由两个航节组成，分别是上海浦东国际机场—昆明长水国际机场和昆明长水国际机场—迪庆香格里拉机场。航节运行动态中包含起降跑道、出发机场登机口编号、开关舱门时的油量、起飞与到达的飞机重量、飞行距离等。航节运行中会产生一系列节点时间，例如发动机开关时间、起落时间、开关舱门时间、上轮档和撤轮挡时间等。

地面保障包含一系列保障任务，比如为飞机提供的配载、客舱清洁、供水、加油、机务检查等保障，为旅客提供的客梯车、摆渡车等服务，为货邮行李提供的装卸服务等。保障任务以事件方式管理，分为节点事件和过程事件。节点事件有客梯车到位事件，记录到位时间。过程事件有加油和客舱清洁事件，记录开始和结束时间等。

航节调配计划存在父子关系，如果原航节计划发生改变，即产生一条子航节计划。地面保障根据航节计划产生，关注航节的前序、后续及过站时长。航班运行领域数据模型如图 16-13 所示。

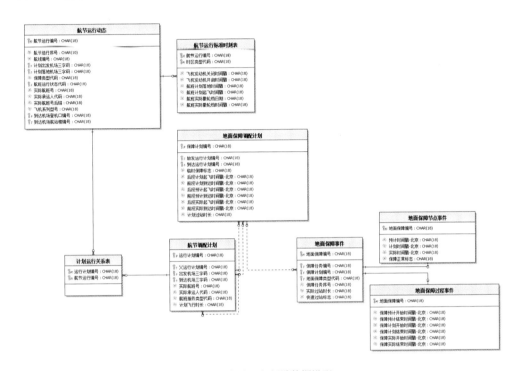

图 16-13　航班运行领域数据模型

附录A

证券期货业已发布标准

证券期货业已发布标准如表 A-1 所示。

表 A-1 证券期货业已发布标准

序号	标准编号	标准中文名称	发布日期	实施日期
1	JR/T 0022—2020	《证券交易数据交换协议》	2020 年 12 月 23 日	2020 年 12 月 23 日
2	JR/T 0190—2020	《资本市场场外产品信息数据接口》	2020 年 12 月 23 日	2020 年 12 月 23 日
3	GB/T 39595—2020	《开放式基金业务数据交换协议》	2020 年 12 月 14 日	2021 年 7 月 1 日
4	GB/T 39596—2020	《证券投资基金编码规范》	2020 年 12 月 14 日	2021 年 7 月 1 日
5	GB/T 39601—2020	《证券及相关金融工具 金融工具短名（FISN）》	2020 年 12 月 14 日	2021 年 7 月 1 日
6	GB/T 39662—2020	《基金行业数据集中备份接口规范》	2020 年 12 月 14 日	2021 年 7 月 1 日
7	JR/T 0046.1—2020	《证券期货业与银行间业务数据交换协议 第 1 部分：三方存管、银期转账和结售汇业务》	2020 年 7 月 10 日	2020 年 7 月 10 日
8	JR/T 0191—2020	《证券期货业软件测试指南 软件安全测试》	2020 年 7 月 10 日	2020 年 7 月 10 日

续表

序号	标准编号	标准中文名称	发布日期	实施日期
9	JR/T 0192—2020	《证券期货业移动互联网应用程序安全规范》	2020 年 7 月 10 日	2020 年 7 月 10 日
10	JR/T 0177.1—2020	《证券期货业投资者权益相关数据的内容和格式 第 1 部分：证券》	2020 年 2 月 26 日	2020 年 2 月 26 日
11	JR/T 0177.2—2020	《证券期货业投资者权益相关数据的内容和格式 第 2 部分：期货》	2020 年 2 月 26 日	2020 年 2 月 26 日
12	JR/T 0177.3—2020	《证券期货业投资者权益相关数据的内容和格式 第 3 部分：基金》	2020 年 2 月 26 日	2020 年 2 月 26 日
13	JR/T 0181—2020	《期货合约要素》	2020 年 2 月 26 日	2020 年 2 月 26 日
14	JR/T 0182—2020	《轻量级实时 STEP 消息传输协议》	2020 年 2 月 26 日	2020 年 2 月 26 日
15	JR/T 0183—2020	《证券期货业投资者识别码》	2020 年 2 月 26 日	2020 年 2 月 26 日
16	JR/T 0176.1—2019	《证券期货业数据模型 第 1 部分：抽象模型设计方法》	2019 年 11 月 18 日	2019 年 11 月 18 日
17	JR/T 0175—2019	《证券期货业软件测试规范》	2019 年 9 月 30 日	2019 年 9 月 30 日
18	JR/T 0158—2018	《证券期货业数据分类分级指引》	2018 年 9 月 27 日	2018 年 9 月 27 日
19	JR/T 0159—2018	《证券期货业机构内部企业服务总线实施规范》	2018 年 9 月 27 日	2018 年 9 月 27 日
20	JR/T 0160—2018	《期货市场客户开户数据接口》	2018 年 9 月 27 日	2018 年 9 月 27 日
21	JR/T 0163—2018	《证券发行人行为信息内容格式》	2018 年 9 月 27 日	2018 年 9 月 27 日
22	GB/T 35964—2018	《证券及相关金融工具 金融工具分类（CFI 编码）》	2018 年 2 月 6 日	2018 年 9 月 1 日
23	JR/T 0155.1—2018	《证券期货业场外市场交易系统接口 第 1 部分：行情接口》	2018 年 1 月 18 日	2018 年 1 月 18 日
24	JR/T 0155.2—2018	《证券期货业场外市场交易系统接口 第 2 部分：订单接口》	2018 年 1 月 18 日	2018 年 1 月 18 日
25	JR/T 0155.3—2018	《证券期货业场外市场交易系统接口 第 3 部分：结算接口》	2018 年 1 月 18 日	2018 年 1 月 18 日
26	GB/T 21076—2017	《证券及相关金融工具 国际证券识别编码体系》	2017 年 12 月 29 日	2018 年 7 月 1 日
27	GB/T 23696—2017	《证券及相关金融工具 交易所和市场识别码》	2017 年 12 月 29 日	2018 年 7 月 1 日
28	JR/T 0151—2016	《期货公司柜台系统数据接口规范》	2017 年 2 月 7 日	2017 年 2 月 7 日

序号	标准编号	标准中文名称	发布日期	实施日期
29	JR/T 0146.1—2016	《证券期货业信息系统审计指南 第1部分:证券交易所》	2016 年 11 月 8 日	2016 年 11 月 8 日
30	JR/T 0146.2—2016	《证券期货业信息系统审计指南 第2部分:期货交易所》	2016 年 11 月 8 日	2016 年 11 月 8 日
31	JR/T 0146.3—2016	《证券期货业信息系统审计指南 第3部分:证券登记结算机构》	2016 年 11 月 8 日	2016 年 11 月 8 日
32	JR/T 0146.4—2016	《证券期货业信息系统审计指南 第4部分:其他核心机构》	2016 年 11 月 8 日	2016 年 11 月 8 日
33	JR/T 0146.5—2016	《证券期货业信息系统审计指南 第5部分:证券公司》	2016 年 11 月 8 日	2016 年 11 月 8 日
34	JR/T 0146.6—2016	《证券期货业信息系统审计指南 第6部分:基金管理公司》	2016 年 11 月 8 日	2016 年 11 月 8 日
35	JR/T 0146.7—2016	《证券期货业信息系统审计指南 第7部分:期货公司》	2016 年 11 月 8 日	2016 年 11 月 8 日
36	JR/T 0145—2016	《资本市场交易结算系统核心技术指标》	2016 年 7 月 20 日	2016 年 7 月 20 日
37	JR/T 0133—2015	《证券期货业信息系统托管基本要求》	2016 年 1 月 13 日	2016 年 1 月 13 日
38	JR/T 0016—2014	《期货交易数据交换协议》	2014 年 12 月 26 日	2014 年 12 月 26 日
39	JR/T 0110—2014	《证券公司客户资料管理规范》	2014 年 12 月 26 日	2014 年 12 月 26 日
40	JR/T 0111—2014	《证券期货业数据通信协议应用指南》	2014 年 12 月 26 日	2014 年 12 月 26 日
41	JR/T 0112—2014	《证券期货业信息系统审计规范》	2014 年 12 月 26 日	2014 年 12 月 26 日
42	JR/T 0103—2014	《证券交易数据交换编解码协议》	2014 年 2 月 10 日	2014 年 2 月 10 日
43	JR/T 0104—2014	《证券期货业非公开募集产品编码及管理规范》	2014 年 2 月 10 日	2014 年 2 月 10 日
44	GB/T 30338.1—2013	《证券期货业电子化信息披露规范体系 第1部分：基础框架》	2013 年 12 月 31 日	2014 年 7 月 1 日
45	GB/T 30338.2—2013	《证券期货业电子化信息披露规范体系 第2部分：编码规则》	2013 年 12 月 31 日	2014 年 7 月 1 日
46	GB/T 30338.3—2013	《证券期货业电子化信息披露规范体系 第3部分：标引模板》	2013 年 12 月 31 日	2014 年 7 月 1 日
47	GB/T 30338.4—2013	《证券期货业电子化信息披露规范体系 第4部分:实例文档封装格式》	2013 年 12 月 31 日	2014 年 7 月 1 日

续表

序号	标准编号	标准中文名称	发布日期	实施日期
48	GB/T 30338.5—2013	《证券期货业电子化信息披露规范体系 第5部分：注册管理规范》	2013年12月31日	2014年7月1日
49	JR/T 0099—2012	《证券期货业信息系统运维管理规范》	2013年1月31日	2013年1月31日
50	JR/T 0100—2012	《期货经纪合同要素》	2013年1月31日	2013年1月31日
51	JR/T 0084—2012	《证券期货业网络时钟授时规范》	2012年12月26日	2012年12月26日
52	JR/T 0085—2012	《证券投资基金编码规范》	2012年12月26日	2012年12月26日
53	JR/T 0086—2012	《证券投资基金参与方编码规范》	2012年12月26日	2012年12月26日
54	JR/T 0087—2012	《股指期货业务基金与期货数据交换接口》	2012年12月26日	2012年12月26日
55	JR/T 0060—2010	《证券期货业信息系统安全等级保护基本要求（试行）》	2011年12月22日	2011年12月22日
56	JR/T 0067—2011	《证券期货业信息系统安全等级保护测评要求（试行）》	2011年12月22日	2011年12月22日
57	JR/T 0059—2010	《证券期货经营机构信息系统备份能力标准》	2011年4月14日	2011年4月14日
58	GB/T 25500.1—2010	《可扩展商业报告语言（XBRL）技术规范 第1部分：基础》	2010年10月18日	2011年1月1日
59	JR/T 0017—2004	《开放式基金业务数据交换协议》	2005年3月25日	2005年3月25日
60	JR/T 0018—2004	《证券登记结算业务数据交换协议》	2005年3月25日	2005年3月25日
61	JR/T 0020—2004	《上市公司分类与代码》	2005年3月25日	2005年3月25日
62	JR/T 0021—2004	《上市公司信息披露电子化规范》	2005年3月25日	2005年3月25日

附录B

保险行业转型相关政策文件

保险行业转型相关政策文件如表 B-1 所示。

表 B-1　保险行业转型相关政策文件

时　间	文　件	内　容
2014 年 10 月	《互联网保险业务监管暂行办法（征求意见稿）》	互联网金融领域第一个出台的细分领域监管办法，标志着互联网保险监管政策日趋完善
2017 年 06 月	《中国金融业信息技术"十三五"发展规划》	提出金融信息基础设施要达到国际领先水平，利用信息技术持续驱动金融创新，进一步给予金融保险技术创新有力的政策支持
2018 年 06 月	《中国保险服务标准体系监管制度框架（征求意见稿）》	鼓励推进保险服务数字化转型升级，加快数字保险建设，构建以数据为关键要素的数字保险，推动保险服务供给侧改革，更好服务我国经济社会发展和人民生活改善
2019 年 11 月	《健康保险管理办法》	鼓励保险公司采用大数据等新技术提升风险管理水平。对于事实清楚、责任明确的健康保险理赔申请，保险公司可以借助互联网等信息技术手段，对被保险人的数字化理赔材料进行审核，简化理赔流程，提升服务效率

续表

时　间	文　件	内　容
2019 年 12 月	《关于推动银行业和保险业高质量发展的指导意见》	鼓励保险机构创新发展科技保险，推进首台（套）重大技术装备保险和新材料首批次应用保险补偿机制试点。支持保险资金、符合条件的资产管理产品投资面向科技企业的创业投资基金、股权投资基金等，拓宽科技企业融资渠道
2020 年 05 月	《关于推进财产保险业务线上化发展的指导意见》	2022 年，车险、农险、意外险、短期健康险、家财险等业务领域线上化率达到 80% 以上，其他领域线上化水平显著提高。鼓励财险公司加快线下服务的数字化转型，推动线上线下融合发展。同时要求各财险公司拓宽线上化服务领域，包括创新线上产品服务，延伸线上服务链条，建设线上生态圈
2020 年 06 月	《关于规范互联网保险销售行为可回溯管理的通知》	提出了针对互联网保险销售过程的全流程溯源，并且要求该记录可被监管机构或司法机构查验
2020 年 08 月	《推动财产保险业高质量发展三年行动方案（2020—2022 年）》	明确指出支持财产保险公司制定数字化转型战略，鼓励财产保险公司利用大数据、云计算、区块链、人工智能等科技手段，对传统保险操作流程进行更新再造，提高数字化、线上化、智能化建设水平

附录C

财产保险业务及人身保险业务要素数据规范

1. 财产保险业务要素数据规范

《财产保险业务要素数据规范》(以下简称《财保规范》),标准号 JR/T 0212—2020,由中国银行保险监督管理委员会于 2021 年 2 月 2 日发布,并同日开始实施。《财保规范》属于中华人民共和国金融行业标准,按照 GB/T 1.1—2020《标准化工作导则 第 1 部分:标准化文件的结构和起草规则》的规定起草。

为全面记录和准确反映财产保险业务活动,《财保规范》内容主要包括财产保险业务要素基础数据规范、农业保险业务要素专项数据规范、机动车辆保险业务要素专项数据规范等 12 个部分的内容,从而体现不同保险业务要素的跨险种通用性或分险种独特性。

《财保规范》引用及参考了多个数据标准,其中包括 JR/T 0034《保险业务代码集》、JR/T 0048《保险基础数据模型》、JR/T 0053《机动车保险数据交换规范》、JR/T 0054《巨灾保险数据采集规范》、JR/T 0083《人身保险伤残评定标准及代码》、JR/T 0128《农业保险数据规范》、JR/T 0150《企业财产保险标的分类代码》。

《财保规范》明确了财产保险业务的十大主题及其业务定义,分别按主题明确财产保险业务实体及数据要素标准。

2．人身保险业务要素数据规范

《人身保险业务要素数据规范》（以下简称《人保规范》）与《财保规范》共用同一标准号，并同时发布及实施。

为全面记录和准确反映人身保险业务活动，《人保规范》的主要包括人身保险业务要素基础数据规范、健康保险业务要素专项数据规范、意外保险业务要素专项数据规范、人寿保险业务要素专项数据规范、年金保险业务要素专项数据规范等 5 个部分的内容，从而体现不同保险业务要素的跨险种通用性或分险种独特性。

《人保规范》引用及参考了多个数据标准，其中包括国标 GB/T 2261.1《个人基本信息分类与代码 第 1 部分：人的性别代码》、GB/T 2261.2《个人基本信息分类与代码 第 2 部分：婚姻状况代码》、JR/T 0033《保险基础数据元目录》、JR/T 0034《保险业务代码集》、JR/T 0048《保险基础数据模型》。

《人保规范》明确了人身保险业务的十大主题及其业务定义，分别按主题明确了人身保险业务实体及数据要素标准。

附录D

民用航空行业数据标准简介

1. 报文规范

报文是非结构化文本，通过预定义格式和代码，专业人员可以直接阅读报文、了解信息。目前已有成熟的报文解析系统实现对报文的自动化解析，通过更易懂的方式将数据展现给业务用户。因发送单位的不同，报文可以分为三大类，分别是 AFTN、SITA、ACARS 电报。

AFTN 电报全称为民用航空飞行动态固定电报，由空中交通管制部门使用，向航空公司、机场等相关单位发送飞行预报、飞行状态等信息。

SITA 是一家联合国民航组织认可的非营利组织，经营着世界上最大的专用电信网络，会员覆盖了全球绝大多数航司、机场和空管。SITA 电报是该组织为便于航空公司向其他单位传送信息而定义的，内容包括起飞报、降落报、延误报、取消报等。

ACARS 全称为飞机通信寻址与报告系统，作为空地双向数据通信系统，它利用飞机记载设备和空地数据服务商的通信网络，实现飞机与地面之间的实时信息传输，内容包括机组身份、起降信息、发动机性能、航班状态及维护信息等，主要用于发动机性能监控、飞机故障监控和飞机的运行控制。

2．NDC

当前的全球分销体系限制了航空公司销售产品的形式，新型的打包票价产品或菜单点选式辅营产品难以推出。为了解决这一问题，IATA 推出了 NDC 标准，目的是使用一套全新的、基于互联网 XML 语言的数据传输标准，以加强航空公司与合作伙伴之间的信息交互能力。航空公司可通过 NDC 标准向合作伙伴提供丰富的、具有个性化的产品和服务，进而共同为旅客创造价值。NDC 标准在制定时瞄准了目前航空旅游行业在分销过程中受到的各种制约，因而标准能使得航空旅游行业在整体上将产品的传统分销方式转变为面向企业及休闲与商务旅客的产品零售方式，实时精准地为客户提供更多的产品和服务选择。

3．中国民航航班运行数据开放资源目录

2017 年，民航局运行监控中心组织搭建了"民航运行数据共享平台"，致力于实现行业内基于大数据技术的精确分析、精细管理、精准监管与精心服务。共享平台打通了民航局运行监控中心、航空公司、机场和空管等多个核心系统，共享了运行环境、预先飞行计划、航班动态、品质分析等多类运行数据，完善了运行信息监控网络。为了安全、有序地建设数据共享平台，明确数据的所有权，提高数据质量，运行监控中心发布了《中国民航航班运行数据开放资源目录》（以下简称《目录》）。在该《目录》中，所有 511 个数据元按所属类别被分为 11 个大类，即航班信息类、机场资源类、航空器信息类、飞行流量管理类、运行态势类、航空器监视及追踪数据类、特殊/不正常事件类、客货信息类、机组信息类、运行品质类及应急资源类。《目录》对每个数据元做了详细描述，包括概念定义、英文缩写、数据格式、值域、引用规章及备注信息，还明确了各个数据元的数据提供方和数据使用方及更新周期，有效明确了数据使用方的职责，为数据质量提供了很好的保障。

4．智慧机场数据规范

为了使机场打破信息孤岛，实现机场信息的统一管理、统一共享、深度整合和创新应用，确保四型机场理念落地，中国民航总局编制了《智慧机场数据规范与交互技术指南》（以下简称《指南》）。《指南》以业务为导向对数据进行分类分级：一级分为旅客服务、生产协同、安全安保、综合交通、商业管理、机场能源、航空物流等 7 大类，二级类别有168 类。可以说，该《指南》覆盖了智慧机场全要素、全业务领域，将成为智慧机场数字化底座的蓝本。